不生气的
心理智慧

红花 编著

内 容 提 要

生活中人人都有情绪，情绪的种类有很多，其中就有愤怒。愤怒会导致生气，生气虽然很常见，可任由这一坏情绪控制，就会影响判断力，破坏人际关系。因此，只有学习如何不生气，训练自己获得良好情绪的掌控力，才会拥有幸福快乐的人生。

本书从心理学视角出发，结合生活中很多鲜活的案例，教我们如何克制愤怒。如果你是一位爱生气的人，或者身边有爱生气的人，这本书不仅可以帮助你认识自己或他人，也能帮助你找到情绪管理的方法和与他人的相处之道。

图书在版编目（CIP）数据

不生气的心理智慧 / 红花编著. -- 北京：中国纺织出版社有限公司，2024.7
ISBN 978-7-5229-1703-0

Ⅰ．①不… Ⅱ．①红… Ⅲ．①心理学 Ⅳ．①B84

中国国家版本馆CIP数据核字（2024）第080001号

责任编辑：李 杨　　责任校对：王蕙莹　　责任印制：储志伟

中国纺织出版社有限公司出版发行
地址：北京市朝阳区百子湾东里A407号楼　邮政编码：100124
销售电话：010—67004422　传真：010—87155801
http://www.c-textilep.com
中国纺织出版社天猫旗舰店
官方微博 http://weibo.com/2119887771
天津千鹤文化传播有限公司印刷　各地新华书店经销
2024年7月第1版第1次印刷
开本：880×1230　1/32　印张：6.75
字数：120千字　定价：49.80元

凡购本书，如有缺页、倒页、脱页，由本社图书营销中心调换

前　言

你是否曾有这样的体验：早上闹钟坏了，没法准时起床，着急忙慌驾车出门，好不容易快到公司门口了，十字路口的红绿灯又失控了，整个路面成了汽车的海洋，司机们都在不耐烦地鸣笛乱喊，刺耳的喇叭声充斥于耳。这时你是否会感到异常烦躁和生气？每天晚上陪孩子努力学习到深夜，可孩子的成绩还是不见提升，你是否会感到生气？工作中明明是同事的疏忽，他却当众指责你工作不到位，你是否也会感到生气？不得不说，生活中令人生气的事情实在太多了，任何人都会生气，可如果不懂得如何克制愤怒，就会被糟糕的情绪控制，进而失去对事物的判断能力，甚至做出令自己后悔的事来。

实际上，经常激怒我们的并不是什么原则性的大事，通常都是一些鸡毛蒜皮的小事。正如美国的一位心理专家说："我们的恼怒有80%是自己造成的。"他有一个防止激动的方法，大概是句这样的话："请冷静下来！要承认生活是不公正的。任何人都不是完美的。任何事情都不会按计划进行。"

那些拥有一定心理智慧的聪明人深知，即使生气了也挽回不了什么，还徒增许多怨气。于是他们选择了不生气。愚蠢的人总是看到事情的表面，凡事都喜欢生气，总认为生气是自己的权利，殊不知时间久了，生气也会成为自己的本性。做一个聪明人还是愚蠢的人，关键是看你如何选择。

生气时你会做什么呢？事实上，人在生气时是不知道自己应该做什么的，至少不会所有时候都知道。愤怒是一份礼物，是人性中自然的一部分，却不是很好处理，常常在我们的生活中制造出各种各样的问题。

可能现在的你也急需一名导师帮助你克制愤怒、教你如何不生气，这就是编写本书的目的。《不生气的心理智慧》这本书从心理学的角度出发，揭露了生气这一情绪的真面目，包括它看起来是什么样的、会带来怎样的感受、如何利用它以及摆脱它。能意识到自己容易生气并且真正做到不生气的时候，你就掌握了一定的情绪管理能力了。这样你不仅能让自己得到快乐，还能将快乐和幸福带给别人。

编著者

2023年12月

| 目 录 |

001 第一章
别因不完美而生气，你只需做好当下的自己

  苛求他人，不如严格要求自己 - 003
  不服气的人，常常自生自气 - 006
  有舍弃的勇气，才能腾出手来拥抱幸福 - 008
  不是你得不到，而是你没有奋力拼搏 - 011
  活在今天，做当下最好的自己 - 015
  放下太多牵挂，内心淡然就不容易动怒 - 019

023 第二章
转换角度看问题，心情变了就不愤怒了

  宽容，不仅是原谅了他人，更是放过了自己 - 025
  认识和了解"生气"，才能冷静面对 - 028
  心静如水，不惧任何愤怒"火源" - 032
  聚焦长远，别只顾眼前的一事一物 - 035
  容易被激怒，证明你内心脆弱 - 039
  生气，是拿别人的过错惩罚自己 - 042

047 第三章
做不生气的智者，生活就会多一些阳光

  自我调节，做人要有点阿Q精神 - 049

调节情绪，始终保持好心情 - 052

一旦生气，你就感受不到任何快乐 - 054

做个智者，生气其实是不够爱自己 - 057

找到生气的"火源"，并将其彻底浇灭 - 060

做好情绪屏蔽，别让怒气伤害到你 - 063

067 第四章
与其嫉妒不如争气，用努力换来别样天地

放下攀比心，越虚荣越容易生气 - 069

宽容忍让，接纳他人的"好"与"坏" - 072

与其"羡慕、嫉妒、恨"，不如努力奋斗 - 076

直面你的嫉妒心并努力克服它 - 079

狭隘与不自信是因为内心有嫉妒的根源 - 083

无须羡慕他人，做独特的自己 - 086

091 第五章
有效释放心理压力，不要处处与自己较劲

找到属于自己的独家释压方法 - 093

适度的压力，能激励你更努力 - 096

没有糟糕的环境，只有糟糕的心境 - 099

越是给自己强加压力，越容易有怒气 - 103

适时开怀大笑，赶走所有火气 - 106

学会释放心理压力，不要动不动就生气 - 111

117 第六章
失败了不生气，尽快调整自我，转败为胜

欲成大事，必先锻炼自己的耐挫力 - 119

在磨难中塑造自己，使自己焕然一新 - 122

在挫折中"休养生息"，获得即时能量 - 126

失败了别生气，保持清醒获得经验教训 - 129

将不幸当作人生的朋友，与之和平相处 - 133

遇到困难不要生气，冷静下来才能找到出路 - 136

141 第七章
找个合理的方式吐出"闷气"，打开心中的郁结

别闷闷不乐，找到让你放松的方式 - 143

以适当的方式放出"闷气"，才是善待自己 - 146

找个委婉的方式，说出对他人的不满 - 150

向好朋友倾诉，让闷气消失于无形 - 153

使用幽默化解法，打开心中的郁结 - 156

承认自己的愤怒情绪，并尽快自我调整 - 159

163 第八章
拥抱好运气，用感恩之心驱逐心中怨气

学会感恩，珍惜眼前幸福 - 165

与其抱怨，不如努力改变自己 - 168

心怀感恩，知足常乐 - 172

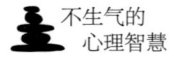

只做强者，弱者抱怨且易后悔 - 175

感恩化解抱怨，好运不会远离 - 178

"怨男怨女"没有幸福可言 - 181

185 第九章
不与自己置气，彻底清除心头的杂草

你只需要喜欢你自己，不需要讨好所有人 - 187

做人不妨大条一点，别放大自己的错误 - 190

肯定且欣赏自己，自信的人不给自己找气受 - 194

无需与他人比较，你就是最好的 - 197

不怕失败，就怕不自信地退却 - 201

消极悲观的人，只会让自己气郁沉沉 - 204

208 参考文献

第一章
别因不完美而生气,你只需做好当下的自己

许多人不仅习惯苛责自己,还苛责他人,凡事追求完美。然而在这个世界上,并不存在绝对完美的东西,大多数的人和事正是因为有了一点瑕疵才释放出与众不同的美丽。习惯苛责他人或自己的人,心中往往有怨气,因不能完美而生气、愤怒。苛求太多,失望亦太多,最终只能在失望中沉沦。因此,学会放下不真实的完美,将那份苛责化为勇气吧!

苛求他人，不如严格要求自己

一位足球教练说："我能做什么，你们就能做什么。我没做的，你们做之前就要掂量掂量或者请示一下。"作为一个上司，他力求的是以身作则，而不是苛求球员。在现实生活中，有的人习惯对其他人百般苛求，别人出现了一点儿纰漏，就严厉指责，似乎所有人做的事都达不到他的标准。有一位朋友非常爱干净，她几乎包揽了所有的家务，家里的人主动帮忙，她也一律拒绝，理由居然是："我觉得你们洗东西不够干净，我看不上眼。"即使家人主动帮忙清洗了衣物，她也会重新清洗一遍，还到处抱怨："真是洗不干净还来瞎凑热闹，净给我添麻烦。"后来大家都不来帮忙了，她又多了怨言："一天累死人，也不见哪个人来帮忙，我真是命苦啊！"无论对方处于什么样的境地，都会受到指责，其实是她自己对别人太苛求了。与其对他人百般苛求，不妨自己以身作则，放弃心中的完美追求。这样无论自己还是身边的人，都能够收获一份更坦然的心境。

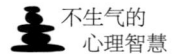

有这样一类人，往往能够脱颖而出：抱有远大的理想，追求完美，不仅对自己高标准、严要求，对他人也常常多了几分苛求，当然也多了几分指责。在这种"高标准、严要求"的背后，到底是什么在驱使呢？心理学家通过研究发现，那些习惯苛求和指责他人的人往往都是一些完美主义者，他们的座右铭可能是：永不停歇，不断成功！当然，他们永远不想知道什么叫"知足常乐"。在追求成功的道路上，所有人都需要他人的支持。但对一个上司来说，他的完美主义不仅仅针对自己，同时也会针对员工。他对自己的那些要求，比如精力充沛、追求细节、不计报酬等，往往也会强加在员工身上，根本不会去管员工有何怨言。在完成任务的过程中，员工稍微出了一点儿错误，他就会怨声载道。对此，心理专家特别提醒那些有着完美情结的上司：少对他人苛求指责，多让自己以身作则。

职场新人小松讲述了自己的一段经历，他的上司就是一个"对他人苛求指责"的人。

"前不久，公司来了一位新上司，这是一位典型的上海人，做起事情来一丝不苟，任何事情都极力追求完美。我感到既惊喜又恐惧，惊喜的是以前那个讨厌的上司终于调走了，恐惧的是新上司对完美的追求简直到了无法容忍的地步，这样的苛求对我来说是一种莫大的压力，心中感到烦闷，常常莫名地生气。

"例如，在与客户洽谈生意的时候，上司会要求我写出

第一章
别因不完美而生气，你只需做好当下的自己

详细的业务计划和预算，包括具体的时间、会谈阶段的安排以及具体的会谈内容、目的和实施的方法等。更令我愤愤不平的是：如果自己出去洽谈生意，他就会忽略掉这些繁复的程序。虽然心有不满，可他毕竟是上司，怎么能指责他呢？时间长了我也忍不住了，有意无意地向上司提出要求，说明自己的工作特点，可是这位固执的新上司还是执意要求我写出详细的业务计划，不然就对我的其他工作百般挑剔、指责。

"面对这样一个苛求他人、宽松自己的上司，我感觉比之前的压力更大，常常带着情绪工作。由于新上司的独特要求，我把大部分的精力都花在了书写工作计划上，有时候写工作计划会写到摔笔。不到一个月我就感觉支撑不下去了，毅然选择了辞职，去寻找自己另一片的自由天空。"

不难看出，这位上司是典型的完美主义者，他用自己的"完美"不断苛求下属，使下属有苦说不出，最终下属丧失了为他工作的有效动力。许多上司都有这样一个特点：当员工完成了自己交代的工作时，他会觉得这是理所当然的；同时他认为员工应该加倍努力、锦上添花，却从来不懂得欣赏和赞美员工。如果员工没有达到自己的要求，他就会怨声载道，甚至比员工还要沮丧。这就是一种消极的思维，上司用这种消极的情绪感染了员工，员工就会失去追求成功的动力，对工作产生消极态度，即使自己努力了也得不到肯定，谁还会愿意去努力呢？另外，这种消极的思维模式也会给上司自身带来一种负面

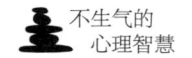

的情绪体验，令自己感到无奈、沮丧、愤怒。

习惯苛求他人，这本身就是一种不恰当的行为，会给他人制造出一种强大的心理压力，使其内心产生诸多不快；而且对自身的情绪和心情也有影响，如果苛求太多，自己的要求难以达到，心中也会怨气丛生。由此可见，苛求与指责带来的始终是一种负面的情绪体验，在苛求与指责他人的过程中，我们会变得越来越沮丧、愤怒。因此，请放下心中的完美主义情结吧，不要对他人苛求、指责，先以身作则，再去要求他人。这样才能远离愤怒、沮丧，成功也会顺其自然地到来。

不服气的人，常常自生自气

在生活中，如果仔细观察，就会发现有些孩子身上有一个有趣的特点：总是为得不到的玩具或某种东西而生气，尤其是对自己特别想要的东西。难道这个特点只存在于孩子身上吗？当然不是，在许多成年人身上也会或多或少显露出这样的特点。一个人若是特别想要某种东西，却得知自己不能获得，一种强烈的失望感就会涌上来，内心会非常愤怒；有时候即使不是特别希望得到某种东西，在同样的条件下，旁边的人得到了，他也会愤怒，这都是源于内心的不服气。这些经常不服气的人，总是在为得不到的东西而生气自艾。

前不久，销售部的李姐因为出现了财务问题被降职了，所

第一章
别因不完美而生气，你只需做好当下的自己

以部门经理的位置空缺。许多人都梦想着坐上这个位置，在整个销售部门中，小敏与小叶的呼声最高，大家都知道小敏与小叶虽然是同窗好友，可到了同一个部门似乎在暗中较劲，成为了竞争对手。因为两个人都很优秀，老板也感到很为难，也不知道由谁来担任这个职位比较合适。

就在老板感到左右为难之际，小敏推开了办公室的门，她微笑着说："上次，大客户对我们的方案不是很满意，经过多次协商，他还是要求我们重新拟写一个方案，您看这该如何是好呢？"听到小敏的工作报告，老板心中有了主意，他马上叫来了小叶，当着两个人的面说道："你们俩都知道上次的大客户吧？当时的方案是你们俩共同负责的。现在我需要你们俩分别拟写一个方案，客户满意哪个人的方案，哪个人就成为销售部门的经理。"小敏和小叶互相看了一眼，点点头。

一周过去了，小敏和小叶都交上了自己拟写的方案。客户似乎更青睐小敏的方案。所以小敏成为销售部经理，小叶对此愤愤不平，经常向同事抱怨："我还不是一样努力，凭什么她就坐上了经理的位置，我只是个小职员呢？"每天除了抱怨还是抱怨，工作积极性也不如以前，老板为此对她很有意见。没过多久，小叶就主动辞职了。

人是欲望感十分强烈的群体，看到别人获得了某样东西，就会感到心痒痒，甚至是不服气：为什么我就得不到呢？于是他们开始生气、愤怒、自怨自艾，陷入消极情绪状态中。如果

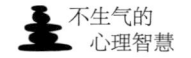

真的很想得到某种东西，我们就应该积极地去争取，有争取才有机会获得，否则除了生气，将什么也得不到。当然也需要有效地消减内心的占有欲望，不要总是什么东西都梦想得到，正所谓"得之我幸，失之我命"，获得是一种幸运，我们应该对此感激；失去是一种宿命，我们也不应该怨天尤人。以这样积极乐观的心态对待，才能够坦然面对生活中的每一天。得到与失去就如同一对孪生兄弟，有时候真的没有必要去埋怨、计较，只要能常怀一颗乐观豁达的心，微笑着面对人生就足够了。不要总是不服气，试想即使自己得到了全世界又能怎么样呢？

有时候，面对人生的一些际遇，我们要学会服气，放下心中的自怨自艾，以积极乐观的心态面对每一天的生活，不要为一些不值得的事情而生气。

有舍弃的勇气，才能腾出手来拥抱幸福

人生就是负重前行，随着路程越来越远，身上的担子也越来越重，承受的压力就越来越大。随着心中欲求越多，所承受的东西也将越来越沉重。就像一个背负重物的人，在行走的路途中，这他也喜欢，那他也喜欢，他舍不得丢掉任何一样东西，拖着艰难的脚步，一步一步向前挪动；最终包袱会压得他弯下腰。有时候我们得到的东西越来越多，但是感兴趣的东西却越来越少，也丢失了那种来自心灵的快乐，人生更加沉重、

第一章
别因不完美而生气，你只需做好当下的自己

烦闷。对每个人来说，舍弃与得到都是相互作用的，当你得到的东西越多，失去的轻松与自由也就越多；当你鼓起勇气放弃了某种东西，很可能就能收获到最简单的快乐。

曾经有个人，他总埋怨生活的压力太大，生活的担子太重，觉得活着很累，重担压得自己透不过气来。听说哲人柏拉图可以帮助别人解决问题，他便去请教柏拉图。柏拉图听完故事，给了他一个空篓子说："背起这个篓子，朝山顶去。你每走一步就要捡起一块最好的石头放进篓子里。到了山顶自然会知道解救自己的方法。去吧，去找寻你的答案吧。"于是，年轻人开始了寻找答案的旅程。

刚上道，他精力充沛，一路上蹦蹦跳跳，把自己认为最好的、最美的石头扔进篓子里。每扔进一个，他便觉得自己拥有了一件世上最美丽的东西，很充实、很快乐。于是他在欢笑嬉戏中走完了旅程的1/3。随着篓子里的石头多了，篓子也渐渐重了。他开始感到篓子在肩上越来越沉，可他很执着，仍一如既往地前进。

最后一段1/3的旅程确实让他吃尽了苦头。他已经无暇顾及那些世界上最美丽、最惹人怜爱的石头了。为了不让沉重的篓子变得更重，他毅然舍弃了一部分，只是挑选了些非常轻的石头放进篓子。他深知这样的舍弃是必要的。然而无论挑多轻的石头放入篓子，篓子的重量都丝毫不会减少，只会加重直到他无力承受。最终年轻人还是背着篓子，艰难地踏上了

这最后的1/3旅程。

可能我们都听过这样一句话："远路无轻物。"如果自己将要负重前行,出发的时候往往很轻松,随着越行越远就越感到举步维艰,甚至会抱怨自己为什么选了那么多的东西。不过望着前方的路,依然不舍得放弃,只能沉重地往前走,以至于到达了终点再打开自己的口袋时,发现有很多东西都不是必需的。对每一个即将远行的人来说,能够收获一份简单的快乐才是最重要的。

表姐硕士毕业后留在了一所名牌大学任教,工作得心应手,很受学生们的欢迎。在三年的教学过程中,已经在国家级刊物上发表了十余篇论文,还出版了一部专著。学校破格提拔为副教授,任命其为教研室主任。对此,身边的家人、朋友都为她感到高兴,大家都认为只要表姐能够坚持,教授、博士生导师只不过是时间问题而已。就在事业如日中天的时候,表姐却做出了令大家跌破眼镜的事情——毅然辞去了前途光明的大学教师职位,应聘到美国一家著名公司做一名普通的员工。

父母感到十分惋惜,忍不住问女儿:"你以前的工作不是挺好的吗?别人都是可望而不可即,你为什么选择舍弃呢?"表姐说:"这么多年来,我最大的收获并不是金钱和名誉,而是努力挑战自己的乐趣,丰富自己的阅历。如果继续在这个岗位上工作,我会感觉到苦闷。一直以来我很看重自己内心到底想要什么,所以鼓起了勇气去舍弃,这样我才能感受到最甜的快乐。"

或许在别人看来,表姐的跳跃并不是心目中的完美一跃,甚至这一跃存在着一定的风险。不过表姐并不在乎世俗的衡量标准,她清楚地知道自己到底更想要什么,所以鼓起勇气选择了舍弃。当然最重要的是生活中感受到了一份简单的快乐。一个人只有敢于舍弃一些东西,才能够轻松地争取一些东西。如果什么都不肯舍弃,就没有多余的精力去追求新的东西,不仅得不到快乐,反而会在郁郁中度过余生。

不是你得不到,而是你没有奋力拼搏

智者常常这样告诉弟子们:"人没有牺牲就什么都得不到,为了得到就需要付出同等的代价。"生活就是这样,你付出了什么就会得到什么。同样的道理,你想获得什么,就应该全心付出什么。有人常常会抱怨:"上天对我怎么这么不公平啊?"其实对每一个人来说,上天都是公平的,因为在上天眼中,只有付出才会有回报。如果你总是抱怨自己什么也得不到,那一定是你没有全心付出。即使在相同的条件下,有的人得到的可能会多一些,而有的人却什么也没有得到。这是为什么呢?根源就在于究竟付出了多少。我们可能并没有仔细计算过,可在任何时候,都应该记住这样一句话:获得永远来自付出,付出等于回报。对某一件事,只要能够全身心地付出,最

终我们就能获得自己想要的东西。如果你还在抱怨为什么总是得不到自己想要的东西，那么你应该回想一下自己到底付出了多少呢？如果没有全心付出，又有什么理由应该得到这一切呢？

从前有一位富翁，他从来得不到别人的尊重，为此很苦恼，每天都想着如何才能得到他人的敬仰。有一天，富翁在街道上散步，看到路边有一个衣衫褴褛的乞丐，他心想机会来了。于是富翁在乞丐的破碗中丢下了一枚金币，乞丐却头也不抬，自己忙着捉虱子。富翁感到很生气："你眼睛瞎了吗？没看到我给你的金币？"乞丐还是没有正眼瞧他，并回答："给不给是你的事，不高兴你可以拿回去。"富翁很生气，又丢了十枚金币在乞丐的碗中，心想乞丐这一次一定会趴着向自己道谢，不料那个乞丐还是对他不理不睬。

富翁几乎要跳起来了，咆哮道："我给你十枚金币，你看清楚，我是有钱人，你好歹也尊重我一下，道个谢你都不会？"乞丐懒洋洋地回答："有钱是你的事，尊不尊重你则是我的事，这是强求不来的。"富翁一下子着急了："如果我将一半财产分给你，你能不能尊重我呢？"乞丐翻了个白眼看着他说："给我一半财产，那我不是和你一样有钱了吗？为什么我要尊重你？"富翁一着急又说道："好，我将所有的财产都给你，这下你愿意尊重我了吗？"乞丐回答道："你将财产都给我，那你就成了乞丐，而我成了富翁，我凭什么要尊重

第一章
别因不完美而生气，你只需做好当下的自己

你？"富翁好像一下子明白了什么，他抓住乞丐的手，真诚地说了一句："谢谢你！"乞丐改变了之前的态度，睁开眼睛说："不用客气，您请慢走。"

渴望获得一份尊重，我们应该付出的恰恰是自己的那份真诚，哪怕面对的是一个乞丐。为了得到一份他人的尊重与敬仰，富翁想尽了办法，给乞丐一枚金币后又给他十枚金币、打算分一半的财产给他或者将自己的全部财产都给他。或许有人会说："富翁也算是付出了的，至少他出了金钱，为什么还是得不到乞丐的尊重呢？"因为金钱和尊重之间不能画上等号。只有全心地付出，我们才会从中获得自己想要的某种东西，尊重也是一样，要想获得别人的尊重，我们应该首先尊重他人，这才是平等的。因此当富翁握着乞丐的手真诚地说谢谢时，乞丐也改变了之前不屑的态度，以尊重的态度说："不用客气，您请慢走。"

王明是一位留美的计算机博士，毕业之后他打算在美国找工作，所以拿着自己的各种证书，以及一些在学校获得的奖章四处奔波找工作。两三个月过去了，还是没有找到合适的工作，他选择的公司都没有录用他，而那些愿意录用他的公司又是他瞧不上的。王明没有想到，自己堂堂一个博士生，居然沦落到高不成低不就的尴尬处境，心中满腹怨气。正在这时，王明接到了一家公司的电话，通知自己被录取了。

满心欢喜的王明来到了公司报到，不过站在公司楼下时，

王明就泄气了：这楼也太普通了吧，自己好歹是计算机博士呢。由于王明的名校学历以及获奖证书，公司不敢怠慢，当即以总经理的职位留下了这位"人才"。初到公司的王明摆足了架子，上班第一天就无故迟到；正常上班时间经常外出，从来不向任何人打招呼；即使待在办公室也不工作，对着电脑打游戏，将全部工作都交给自己的助理去做。时间长了，公司领导觉察到王明的问题，进行了人事变动通知，王明的经理职位由其助理——一位本科大学生担任，而王明则成为了一名普通员工。人事变动的通知公布以后，王明怒气冲冲地来到董事长办公室："我不明白你们是怎么决策的，放着一个博士生不要，而选择一个本科大学生，难道这就是贵公司的眼光？"董事长笑着回答："博士，你来公司这么长时间，为公司付出了多少呢？我们公司有这样一个准则，你的获得与付出成正比。如果对公司的决定不满意，你可以选择离开。"王明愣住了，走也不是留也不是，左右为难。

在这个世界上，没有无付出的收获，也没有天上掉馅饼的美事。任何事物都需要我们通过付出去换取，无论是金钱还是物质、地位还是权力、尊重还是真诚。要想获得充裕的物质生活，就必须努力工作，以求上进；要想得到梦想中的职位，就应该朝着这个方向不断进取；要想获得他人的尊重，就应该付出自己的真诚。试想哪一位老板会给一个整天无所事事的人发酬劳呢？又有哪一位绅士愿意给一个目中无人的人一份尊重

第一章
别因不完美而生气，你只需做好当下的自己

呢？一个成功的商人总是这样告诫自己的员工："当你想要从我这里获取更多的东西时，你首先应该告诉我，你为这个公司付出了多少。"的确，我们不能因为内心的欲望而对这个世界苛求太多。苛求越多，心理负荷越沉重。如果自己真的付出了那么多，获取我们应该得到的本身就是理所当然的，否则我们将一无所获。

活在今天，做当下最好的自己

古人曰："生于忧患，死于安乐。"这是在告诉我们，只有忧患才能使人发展，安逸享乐则会使人萎靡死亡。可是如果总是没完没了地考虑明天，内心时刻存在一种忧患意识，又该如何快乐地活在当下呢？虽然人们常说"防患于未然"，但是如果一个人总是过度地焦虑和担忧未来，时间久了就会变成一种心理负担，整个人都被笼罩在消极情绪之下。这样一来，以后的每一天很可能都将生活在忧虑之中。对未来生活的焦虑和恐惧，成为现代人一种普遍的心理，即使当下的生活已经过得很不错，人们还是会不由自主地担心未来的生活，总是没完没了地考虑明天会怎么样。因此，为了有效控制自己的情绪，不要总是没完没了地考虑明天，不妨尽心做好当下的自己吧！

面对一群研究生的拜访，心理专家从房间里拿出了许多水杯摆在茶几上，有的是玻璃杯，有的是瓷杯，有的是塑料

杯,有的是纸杯,研究生们各自拿了一个杯子喝水。这时,心理专家开始说话了:"大家有没有发现,你们挑的杯子都是比较好看、别致的,像塑料杯和纸杯,却没人拿走。其实这就是人之常情,谁都希望手里拿着的是一个好看一点的杯子,不过我们需要的是水而不是水杯。所以杯子的好坏并不影响水的质量。"接着心理学家解释道:"想一想,如果我们总是有意或无意地把选杯子的心思用在了考虑明天的事情上,那生活能够远离忧愁吗?"一位学生摇摇头:"当然不,烦恼会接踵而至。"有时候花上过多的时间来考虑明天会怎么样,担心明天会发生什么,不仅眼前的今天都没能做好,还置自己于忧虑之中。

一位著名的心理学家为研究忧虑问题,做了一个很有趣的实验。

心理学家要求实验者在一个周日的晚上,写下自己未来7天内所有忧虑的事情,再投入到一个"烦恼箱"里。三周过去了,心理学家打开"烦恼箱",让实验者一一核对自己写下的每个烦恼。结果发现,其中有90%以上的"烦恼"并没有真正发生,因为它似乎更多来自人们对明天的担忧。

这时,心理学家要求实验者记录真正的"烦恼",并重新投入"烦恼箱"。三周很快过去了,心理学家又打开了"烦恼箱",让实验者再一次核对自己写下的每个"烦恼"。结果发现,许多曾经的"烦恼"已经不再是"烦恼"了。所有实验

第一章
别因不完美而生气，你只需做好当下的自己

者都感觉到，面对烦恼，总是预想得比较多，出现的往往很少。对此，心理学家得出了这样的结论：一般人忧虑的"烦恼"有50%是明天的，只有10%是今天的，最终的结果是，90%以上的烦恼是自己想出来的，而今天的烦恼是完全可以轻松应付的。

许多人没完没了地考虑明天，给自己添加了许多烦恼，这就是所谓的"烦恼不寻人，人自寻烦恼"。对医生来说，他们心中有一个秘密，那就是：大多数的疾病是可以不治而愈的。有的医生甚至断言："许多人并不是真的有病，只是自己无聊，坐在那里胡思乱想，结果多么美好的一个明天，硬是被他自己设想出许多病来。"明天到底会怎么样呢？我们都无从得知，因为明天还没有到来，即使对明天有诸多幻想，也应该是往好的方面想，不要总是担心这样或那样，否则不仅忧虑了今天，也给明天蒙上了一层阴影。因此尽心做好当下的自己吧，至于明天，就完全交给明天吧！

有一位年轻人，总觉得自己好像生病了。于是他去图书馆借了一本医学手册，想看看自己到底得了什么病。他先看了癌症的介绍，觉得自己患癌症已经好几个月了，顿时被吓住了。他想知道自己还患了什么病，就读完了整本医学手册，结果发现：除了膝盖积水症以外，自己什么病都有。当他走出图书馆时，好像完全变成了一个全身都有病的老头。

他决定去医院，见到医生说："医生，我看过相关的医

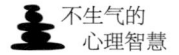

学书，我已经活不了多久了，除了膝盖积水症，其余什么病我都有。"医生做了诊断，开了一张处方。年轻人顾不得看就马上塞进口袋，立即跑往药房。到了药房，年轻人匆匆把处方递给药剂师，药剂师看了一眼，没好气地说："这是药店，不是食品店，也不是饭店。"年轻人惊讶地接过处方一看，上面写着：煎牛排一份，啤酒一瓶，6小时一次；10英里的路程，每天早上走一次。年轻人照做了，他一直健康地活到了现在。

对未来担忧太多，以至于这个年轻人怀疑自己生病了，结果什么病都没有，有的只是心病。在现代社会，人们越来越焦虑，仿佛内心隐藏着一种未知的恐惧，担忧自己的生存状况、担忧明天，这样的人并不在少数。一项社会调查显示，越是成功的人对明天越是担忧。有一位成功人士毫不忌讳自己的焦虑："现在我的公司刚刚上市，一切都在起步阶段，许多人恭贺我的成功，我却感到忧心忡忡，未来的种种困难就在某个阶段等着我。同时，由于每天外出应酬，常常喝酒，自己的身体每况愈下，对明天我真的十分焦虑，害怕它的到来，更害怕随它而来的还有无限的挫折和挑战。"

即使再焦虑，也不能改变未知的明天，不妨调整好自己的心态，以坦然的心境面对今天，尽心尽力做好自己，明天自然会更美好。

第一章
别因不完美而生气，你只需做好当下的自己

放下太多牵挂，内心淡然就不容易动怒

佛说："无爱则无恨，无欲则无求，无怒则无敌，无怨才是佛，所有的烦恼不过都是放不下的执着。"在现实生活中，我们常常对这个世界有太多的奢求，自己没有的总是想得到，得到了还在期望得到更多。索求得越多，得到的反而越少，增多的只是心中的怨气。一个人若是怀着一种无欲无求的心态就不会为物质所累，也不会感到烦恼。人们总是时常抱怨："为什么生活中总是有那么多的烦恼呢？"烦恼从何处来呢？烦由心生，存在于人世间的烦恼不过是因为内心的诉求，因为放不下，才会心生怨气。因此，放下心中的万般诉求，做到无欲无求，就能够摆脱烦恼的笼子。

第一次世界大战期间，私人医生告诉法国总理克里蒙梭："阁下，您必须珍重自己的身体，因为您抽的烟太多了。"克里蒙梭听从了医生的劝告开始戒烟，不过他的桌子上依然放着雪茄盒，而且盒子总是打开着。有一次朋友看见了，挖苦克里蒙梭："本来听说阁下已经戒烟了，看来你老毛病又犯了。"克里蒙梭回答说："胜利的喜悦必须经过艰苦的战役才能获得，将雪茄烟放在眼前，我当然会受到强烈的欲望驱使，但只要忍耐住，就会获得胜利，就能做出超越自己能力的事。"人生何尝不是一场战役呢？很多时候，我们不是被他人打败的，而是被自己打败的，因为在这场战役中，我们会禁不起各种欲

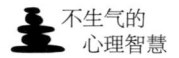

望的诱惑。战胜自己，放下心中的欲望，变得无欲无求，才能赢得真正的胜利。

利奥·罗斯顿是一个肥胖的明星，腰围达到了6.2英尺（约为1.88米），体重更是惊人，约385磅（约为175千克）。在一次演出之后，罗斯顿被送往了汤普森急救中心，当时医院动用了最好的药、最好的设备，依旧没能够挽回罗斯顿的生命。在临终前，罗斯顿绝望地说："我的身躯如此庞大，可生命需要的仅仅是一颗心脏。"当时在场的哈登院长被深深地触动了，作为胸外科专家的他流下了眼泪。为了表达对罗斯顿的敬意，同时为了提醒那些体重超常的人，哈登院长将这句话刻在了医院的大楼上。

很多年过去了，石油大亨默尔也因为心力衰竭而住进了医院。当时他的公司陷入了危机，为了摆脱困境，他不停地来往于欧亚美之间，最后旧病复发。为了在医院继续工作，默尔包下了汤普森医院的一层楼，架设了五部电话和两部传真机。默尔的手术相当成功，他在汤普森医院住了一个月就出院了。不过并没有回到自己的石油公司，而是选择了回乡下。有记者不解地问："为什么卖掉自己的公司？"默尔说了一句："利奥·罗斯顿。"后来，记者在默尔的传记中发现了其中的端倪，默尔说了这样一句话："富裕和肥胖没什么两样，都不过是获得了超过自己需要的东西。"

诺贝尔说："金钱这种东西，只要能解决个人的生活就

第一章 别因不完美而生气，你只需做好当下的自己

行，若是过多了，就会成为遏制人类才能的祸害。"古代波斯国王曾写信给赫利克利特："我希望享受你的教导和希腊文化，请你尽快到我的宫殿里来见我，在我的宫殿里，保证你一切方便自如，生活富足。"赫利克利特拒绝了波斯国王的邀请，他这样回答："因为我有一种对显赫的恐惧，我满足于自己的心灵所有渺小的东西，所以我不能到波斯去。"在现实生活中，我们常常被心中的欲求困扰，可能是财富、可能是显赫的地位，如果一生都被这些包裹、埋没，那么自己是永远不会感到快乐的。放下心中的欲求，满足于一种普通、平淡的生活，才是超脱名利之缰的幸福。

他一无所有，一家人住在狭小的房子里，过着拮据的生活。突然有一天，买彩票中了五百万元，有了房子和车子，有了身边的人没有的一切。许多亲朋好友听说他中奖了，纷纷跑到他家来借钱，如果他婉言拒绝，亲朋好友就会指着他的鼻子骂"见利忘义"。终于有一天，他无法承受这样的痛苦，全家背井离乡到一个完全陌生的地方开始重新生活。

在后来的日子里，虽然没有亲朋好友来借钱的烦恼，但看着剩下的大部分资金，他开始犯愁了。该如何投资呢？是存银行坐吃山空，还是用来投资股票、期货？如果投资亏损了怎么办？放在银行贬值了怎么办？放在家里万一被偷了怎么办？万一邻居发现自己是百万富翁怎么办？他整天为这些问题烦恼着。每天谨小慎微，不敢过得太张扬。看似过着普通的日子，

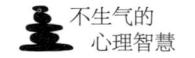

却时刻提心吊胆,担忧在别人面前显露了自己的富裕。这个中奖的人在临死前,想起了以前没有钱的日子,虽然普通简单,却是人生中最幸福的日子。有钱却让自己大半辈子都活在了担惊受怕中,最后在痛苦里郁郁而终。

　　欲望,既可以成就一个伟大的人物,也可以毁掉人的一切。佛家崇尚"得大自在"的境界,一个人如果真的能做到"无欲无求",就达到了佛家崇尚的境界。现代社会处处充满着诱惑,人们争名逐利,最终感到"欲壑难填"。对每一个人来说,生命需要的不过是适当的营养,营养过多反而会扼杀生命。内心的欲望并没有什么独特之处,可能都超过了自己真正的需要,因此,放下心中的欲求,放下万般牵挂,调整心态,真正做到无欲无求,自然不会有怒气。

第二章
转换角度看问题，心情变了就不愤怒了

在炎热的沙漠中，两个饥渴疲惫的旅人拿出水壶摇了摇，一个旅人说："哎呀，太糟糕了，我们只剩下半壶水了。"另一个旅人却高兴地说："真幸运，我们还有半壶水！"在现实生活中，那些不如意、令人生气的事情就好像那半壶水，本身没有任何变化，如果能够换个视角来看待问题，就会发现事情并没有想象中那么糟糕。学会换个视角看问题，就会找到怒气的源头，从而发现平息怒火的"甘泉"。

宽容，不仅是原谅了他人，更是放过了自己

有人说："宽容是从荆棘中长出来的一抹最高雅的淡红，你对别人宽容一点，其实就是给自己留下一片海阔天空。"宽容是一种高雅的修养，更是一种崇高的境界。宽容他人的错误，对每一个人来说似乎都不太容易，但这也不太困难，主要是看心灵如何选择。面对他人的错误，如果选择了生气，甚至是仇恨，那么有可能之后的生活就在愤怒中度过，这是因为内心始终得不到解脱，变得压抑而沉闷，生活对我们而言，每天都充满了痛苦。如果选择了宽容，控制住了内心的愤怒，既宽待了他人，也解脱了自己的心灵。

据说，在美国的一个市场里，有位中国妇女的生意特别好，这引起了其他小摊贩的嫉妒。于是大家总是有意无意地将自家门口的垃圾扫到中国妇女的店门口。令人没有想到的是，中国妇女并不生气，只是宽容地笑笑，然后就清扫起那些垃圾。旁边那位卖菜的妇人感到很不解，忍不住问道："大家都把垃圾扫到你这里来，你为什么不生气？"中国妇女笑着回答

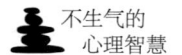

说:"我为什么要生气呢?生气又能解决什么问题?中国有句话叫'宽以待人,严于律己'。既然生气解决不了问题,我又何必生气呢?生气气坏了身体,倒不如把垃圾收拾收拾,你说呢?"渐渐地,大家都被中国妇女宽容待人的胸怀所打动,中国妇女的生意也越来越好了。

傍晚,在一家快餐厅里,有两位客人:一个老人、一个年轻人。可能因为店里客人不多,餐厅里的照明灯没有完全打开,整个大厅显得有些昏暗。年轻人手捧一碗炸酱面,坐在靠门口的位置,与老人相邻。不过,年轻人的注意力并不在炸酱面上,他的眼睛一直盯着老人放在桌边的手机。当老人再次侧身点烟的时候,年轻人快速地拿起手机,装进自己的上衣口袋里,就准备离开餐厅。

这时,老人正好转过身来,发现自己的手机不见了。身体微微颤抖了一下,很快就平静了下来。他看了看四周,这时年轻人已经伸手拉开了门。老人似乎明白了什么,站起来走向门口的年轻人说道:"小伙子,你等一下!"年轻人一愣问道:"怎么了?"老人恳切地说道:"是这样的,昨天是我的70岁生日,我女儿送了我一部手机,虽然我不是很喜欢它,可那毕竟是我女儿的一片孝心。刚才我把它放在了桌子上,现在不见了,我想可能是我不小心碰到了地上。我眼花得厉害,弯腰在地上找不是一件容易的事情,能不能麻烦你帮我找找?"年轻人本来吓了一跳,听完老人的话,反而放松了紧张的神情,他擦了擦额头上的汗水对老人说:"哦,您别着急,我来帮您找找看。"年轻人弯下腰去,沿着桌子转了一圈又转了一圈,然后把手机递了过来:"老人家,您看是不是这个?"老人紧紧握住年轻人的手,激动地说:"谢谢!真是不错的小伙子。"

这时,一位餐厅服务员走过去对老人说:"您本来已经确定手机就是他偷的,为什么不报警呢?"老人回答说:"虽然报警同样能够找回手机,可我在找回手机的同时,也将失去一种比手机更宝贵的东西,那就是——宽容。"

美国心理学家克里斯托弗·皮特森说:"宽恕与快乐紧密相连,宽恕是所有美德之中的'王后',也是最难拥有的。"在案例中,老人的话意味深长,宽容待人就是宽容待己。一个人的心里如果总是充满着愤怒,就没有办法去宽容他人的错误。在任何时候,我们都要记住这样一句话:宽容待人实际上就是宽容待己。

在一次激烈的战斗过后,两名战士发现自己与大部队失去了联系。有缘的是,这两人来自同一个小镇,而且是一对好朋友。他们在森林中艰难跋涉,互相安慰。可是十多天过去了,仍然没有与部队联系上。有一天他们打死了一只鹿,靠着鹿肉艰难地度过了几天。在之后的几天里再也没看到任何动物,只剩下一点鹿肉。两人继续前行。

这一天,两名战士在森林中与敌人相遇后巧妙地避开了。

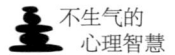

就在他们以为脱离危险的时候,枪声却响了。走在前面的年轻战士中了一枪,幸运的是伤在了肩膀上,没有生命危险。后面的战士惶恐不安地跑过来,害怕得语无伦次,抱着年轻战友的身体泪流不止,赶快撕下自己的衬衣将战友的伤口包扎好。那天晚上,没有受伤的战士一直念叨着母亲的名字,他们都觉得自己熬不过这一关了。尽管十分饥饿,但谁也没有动那仅存的鹿肉。幸运的是第二天,部队找到了二人。

这是一个发生在第二次世界大战时期的故事。故事虽然讲完了,但是事情还没有结束。30年过去了,那位曾受伤的战士坦言:"我知道是谁开的那一枪,是我的战友。当他抱住我时,我感觉到他的枪管是热的,令我疑惑的是,他为什么会对我开枪?但是当天晚上我就原谅了他,因为我知道他想独吞那点鹿肉,他想为了母亲活下来。于是我假装不知道这件事,也从来不提起。战争还没有结束,他的母亲就去世了,我陪他一起祭奠。在那一天,战友跪下来,请求我原谅他,我没有让他继续说下去,而是继续做了几十年的朋友,宽恕了他。"

认识和了解"生气",才能冷静面对

有一位智者,脾气十分温和,几乎从来不生气。弟子好奇地问他:"师傅,难道你就不会生气吗?"智者微微一笑:"生气是什么呢?事情发生了,我就会告诫自己,事情可以比现在更糟糕的，看来我还算幸运的，所以有什么值得生气的呢？如果有人犯了错误，错误在他自己，我何必要生气呢？每天生活的快乐我都来不及感受，哪有什么时间生气呢？"

智者清楚地认识了"生气"，从而也知道"救火"的重要性。在现实生活中，我们常常为一些琐碎的小事而生气，这时就成为了当事人、局中人，整个人被愤怒的情绪困扰，若是事态变得严重，怒火则会"火上浇油"，甚至难以控制地恶化。可能我们都有过"隔岸观火"的经历，当同样的事情发生在家人或朋友身上，我们会清楚地意识到：当事人是没有必要生气的。可是事情到了自己头上为什么就看不清楚呢？因此，我们需要理性地看待问题，重新梳理逻辑，给自己一个申辩的空间，从而完成逻辑推演的过程。面对任何事情，都不要随意发火、生气，因为常常是生气容易"救火"难，尤其是因生气而造成的后果更是难以控制的。试想，一场大火若不及时扑灭，会怎么样呢？

有这样一个故事：一天七里禅师正在蒲团上打坐。突然，一个强盗闯出来，拿着一把明亮的刀子对着他的脊背，说："把柜里的钱全部拿出来！否则我就要你的老命！"七里禅师似乎并不害怕，缓缓说道："钱在抽屉里，柜里没钱，你自己拿去，不过请你留点，因为米已经吃光，不留点明天我要挨饿呢！"那个强盗拿走了所有的钱，临出门的时候，七里禅师说："收了人家的东西，应该说声谢谢啊！"强盗转过身说：

"谢谢。"霎时间心里十分慌乱，强盗几乎从来没有遇到过这样的事情，愣了一下，又想起不该拿走全部的钱，于是掏出一叠钱放回抽屉。

没过多久，这个强盗就被官府捉住。根据他提供的供词，差役把他押到七里禅师那里。差役问道："几天之前，这个强盗来这里抢过钱吗？"七里禅师微微一笑说道："他没有抢我的钱，是我给他的，他临走时也说谢谢了。"强盗被七里禅师感动了，只见他咬紧嘴唇泪流满面，一声不响地跟着差役走了。

这个人在服刑期满之后，立刻去叩见七里禅师，求禅师收他为弟子，七里禅师没有半点怒气，只是摇摇头。这个人长跪三日，七里禅师终于收下了他。

在生活中，总是有这样或那样不如意的事情，挑动起心中的怒火。但是生气的时候，能否意识到自己是在被情绪牵着鼻子走呢？当怒火开始蔓延时，我们应该做的第一件事就是尽量让自己冷静和放松，冷静地思考现在到底是什么情况，而不是顺其自然地让"怒火"蔓延开来，让自己被情绪牵着走。

阿文是一位脾气暴躁的女孩子，由于脾气太坏，交往多年的男朋友也离开了她，朋友们都为她感到惋惜，阿文自己也终于意识到了坏脾气的坏处。于是阿文走进了心理咨询室，向心理医生求教："如何才能改掉我的坏脾气呢？"

心理医生没有说话，拿出了两个透明的玻璃瓶，分别装上了同样多的清水，随后又拿出了一些大小均匀的玻璃球，有白色的、蓝色的。心理医生对阿文说："当你生气的时候，就把一颗蓝色的玻璃球放进左边的玻璃瓶中；当你克制住没发脾气的时候，就把一颗白色的玻璃球放进右边的玻璃瓶里。从现在开始，你应该学会理性地控制自己的情绪。"

阿文照着心理医生的建议去做，过了一段时间带着两个玻璃瓶来到了心理咨询室。心理医生将玻璃瓶中的玻璃球捞了起来，阿文发现那个放蓝色玻璃球的玻璃瓶里的水变成了蓝色。心理医生说："你看，原来的清水因为'坏脾气'的投入被污染了，相同的道理，你的言行举止也会影响他人，就像这个玻璃球一样，所以一定要控制自己的言行。"阿文点点头，脸上露出了温和的笑容。

当阿文再一次走进心理咨询室的时候，那瓶装着白色玻璃球的瓶子已经溢出了水。心理医生欣慰地笑了。就这样慢慢地，阿文的坏脾气消失了，生活开始走入了正轨。最近她打电话给心理医生，电话里抑制不住内心的激动说："我新交了一个男朋友，他很优秀。"生活对阿文来说，变得越来越美好了。

法国作家普鲁斯特说："愤怒不能同公道和平共处，正如鹰不能同鸽子和平共处一样。"心理医生教给阿文的这个方法，秘诀在于：把自己当作思想的旁观者。阿文做的每一件事情，虽然没有涉及如何控制自己的怒火，而是让其意识到"怒火"带来的危害性。在这种思想的渗透下，阿文逐渐改掉了自己的坏脾气，认识到了"救火"的重要性。慢慢地学会把自己当作一个思想的旁观者，她开始深刻地认识"生气"，领悟到在生活中有许多事情根本不值得生气，或根本没有必要生气，这样一来，阿文的生活不仅慢慢步入了正轨，也变得越来越美好了。

心静如水，不惧任何愤怒"火源"

在酷热炎暑之时，白居易拜访得道高僧恒寂大师，见到禅师安静地坐在密闭如蒸笼的禅房内，不像其他人那样汗如雨下。对此白居易很受震动，作诗曰："人人避暑走如狂，独有禅师不出房；非是禅房无热到，为人心静身即凉。"禅师的心境已经平静如水，无论面对酷暑还是不如意的事，他都能安静地坐着，似乎任何怒火都感染不到他，这才是真正虚怀若谷的境界。一位已婚的女士这样说道："我脾气很坏，容易生气，有时候会因为老公的一点脸色而心生郁闷，总是想弄出点响动，但是闹过了吵过了，把自己搞得伤痕累累同时也伤了别人。"

一位老妇人在50周年金婚纪念日当天，向来宾道出了保持婚姻幸福的秘诀。她说："从结婚那天起，我就列出丈夫的10条缺点，为了婚姻的幸福，我向自己承诺：如果他犯了这10条错误中的任何一条,都不会生气。"有人好奇地问:"那10条缺点到底是什么呢?"老妇人回答说:"老实说,这50年来我始终没有具体地列出这10条缺点。每当丈夫做错了事情,气得我直跳脚的时候,我马上提醒自己:算他运气好,犯的是我可以原谅的那10条错误当中的一条。如此,我的心境渐渐有了变化,不再容易生气了,也渐渐感觉到更多生活的快乐。"

阿隐是一位刚刚进入寺庙修行的和尚,他希望自己能在修行中做到真正的无欲无怒。寺庙中有一位大师,阿隐听说大师不管面对什么评价,都只是淡淡地问一句:"就是这样吗?"阿隐希望自己能够成为那样的人,所以就随着那位大师修行。

有一次,大师吩咐阿隐下山化缘,阿隐觉得自己修行已经有些时日了,就想趁这个机会考验考验自己。在化缘的途中,阿隐看到几名蒙面大汉正在调戏一位女子,心中的怒火顿时腾地而起,上前一看那位女子已经被吓得晕过去了。阿隐奉劝那些大汉离开,没想到那些人根本不听劝,反而怒骂:"臭和尚,看来你也六根未净啊,也想来占这女子的便宜?"阿隐的怒火彻底爆发了,他使出自己的本领将那几名大汉打得哇哇叫,几名大汉不一会儿就逃走了。不过阿隐自己也挂了彩。这时那个女子苏醒过来看到阿隐,当即给了他一个耳光,怒骂道:"没想到一个出家人,还干出这样的事情来。"说完想到

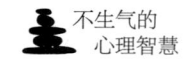

自己的处境，女子不禁哭了起来。阿隐感到十分委屈，怨气顿生，气得跺了两脚就走开了。

回到寺庙后，阿隐向师傅讲述了自己的经历，大师只是淡淡地说："哦，就是这样吗？"阿隐有点生气，师傅似乎对这些事情一点也不关心。这时大师笑了，说道："如果你能做到我这样，就能够经得起任何怒火的刺激了，不是冷漠，而是看透了一切，所以心静如水，无论发生什么，我的情绪都处于平静状态。"阿隐若有所悟地点点头，看来自己的修行还是不够啊，还没有做到真正的"无怒"。

古人曰："无故加之而不怒，猝然临之而不惊。"在生活中，无论遭遇了怎样的指责和非难，都应该像寺院里的那位大师一样，时刻保持内心的平静，才能经得住怒火的挑逗，事情才会显露出本来的面目。随着时间的流逝，怒火也平息了，好似从来不曾发生过一样。生活中经常会发生这样或那样的误会，有时候只是小事一桩，何必一定要让波涛汹涌打破平静的水面呢？

一天晚上，一位老禅师在院子里散步，突然看见墙角边上有一把椅子，一看就知道有位出家人违反寺规越墙出去玩了。老禅师没有声张，而是走到墙边移开了椅子，就地而蹲。不一会儿，果真有一个小和尚翻墙，黑暗中踩着老禅师的脊背跳进了院子里。小和尚双脚着地时才发觉刚才自己踩的不是椅子而是师傅的脊背，顿时惊慌失措，不知该如何辩解。出乎意料地,老禅师没有生气也没有严厉责备他,而是平静地说:"夜深天凉,快去多穿一件衣服。"小和尚战战兢兢地走了,后来再也没有违反寺规越墙出去玩了。在老禅师的悉心指教下,他也成为一位得道高僧。

在老禅师的无声教育中,小和尚没有被错误惩罚而是被教育了。由此可见,老禅师悟的是禅,修的却是"心"啊!面对他人有意或无意之间造成的错误,如果心中充满了怒气,甚至希望别人能遭遇不幸或惩罚,我们就已经失去了平日那种轻松的心境和快乐的情绪了。学会修炼自己的内心,努力做到心静如水,即使向里面投进了一颗大石头,也不会激起半点波纹,因为心的内涵是深不见底的,我们能做的就是努力克制自己的情绪,做情绪的主人。

聚焦长远,别只顾眼前的一事一物

宽容是一种智慧,更是一种博大的胸怀。一个懂得宽容的人,一定是一个有着长远眼光的人,因为他并没有只是看到了眼前的人和事,而是将视角放在更远处,这本身就是一种智慧。愤怒与生气都只是暂时的,不会对未来的生活造成多大的影响。可能那些被愤怒吞噬的人并没有思考过这个问题,他们关心的只是:我现在很生气,需要发泄内心的不快,其他什么事情我都不会管。可是有人仔细想过吗?如何处理那些被生气

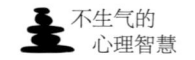

情绪伤害的人？毕竟生气是一种情绪发泄，它的表现形式有可能是怒骂、责罚，甚至有可能是武力，而这些方式都是对人不对己，受伤害最大的并不是我们而是我们身边的人。虽然愤怒的情绪需要发泄，生气也并不是多么严重的事情，但是难道别人就应该受到无缘无故的伤害吗？那些有了裂痕的人际关系又该如何维系？这些都是不可忽视的问题。因此，每一个正在生气或打算生气的人，都应该将自己的视角放在更长远的地方，而不只是看到眼前的人和事。

在民间，流传着一个关于"六尺巷"故事。

清朝时期，宰相张廷玉与叶侍郎都是安徽桐城人，两家是邻居，由于都要建房造屋，两家为地皮发生了争执。张老夫人上书北京，希望张宰相出面交涉。谁知张廷玉看见了来信，立即作诗劝导老夫人："千里家书只为墙，再让三尺又何妨？万里长城今犹在，不见当年秦始皇。"张老夫人看见书信后，立即主动把墙退后三尺，叶侍郎家看见了，也马上把墙退后了三尺。这样，张叶两家的院墙之间就有了六尺宽的巷道，成了有名的"六尺巷"。

俗话说："宰相肚里能撑船"。在"六尺巷"的故事里，张宰相的肚量似乎比叶侍郎更大，而且他的眼光也更长远。张宰相在诗中说道"千里家书只为墙，再让三尺又何妨？万里长城今犹在，不见当年秦始皇"。是在暗示家人，去占这一点小便宜能有什么用呢？千里送来的家书只是为了争一堵墙，是完

第二章
转换角度看问题，心情变了就不愤怒了

全没有必要的，不如主动放弃，反而会赢得好的名誉。果不其然，当张家主动把墙退后三尺时，叶侍郎一家看见了也马上退后了三尺，"六尺巷"得以形成。而张宰相与叶侍郎两家的退让之道也流传开来。人们在听到这个故事时都会发出感叹："真是宰相肚里能撑船啊。"

有一天，迈克尔在路上走着，他边走边把竹条缠绕在自己的身上玩，一不小心竹条一端就脱了手。当时迈克尔站在木桥边正对着大门，一位农民的儿子在那里放了一罐水，准备挑回家。不巧的是，迈克尔的竹条打翻了水罐，幸运的是没有破碎。发现自己闯祸了，迈克尔急忙赔礼道歉，可是农民的儿子跑过来就开骂，一点也不理会迈克尔的解释。令迈克尔没想的是，他竟然一把抓住了自己的竹条并粗暴地将它扭折了。

这竹条可是父亲送给自己的，如今却被扭成了这个样子，迈克尔十分生气，回家的路上他不停地咕哝："我一定要报复他，我要他从心底里感到后悔。"正在花园里散步的父亲听见了好奇地问："你让谁从心底里后悔呀？"迈克尔向父亲说明了事情的经过，父亲笑着说："他的确是一个坏孩子，但是他已经受到了惩罚。他没有朋友也没有娱乐，这就是对他的惩罚。"迈克尔却执意说："那竹条可是你送给我的礼物，那么漂亮的竹条，我只是无意间打翻了他的罐子，我一定要报复他。"父亲抚摸着迈克尔的头温和地说："迈克尔，我知道你是一个好孩子，但是做任何事情都应该思考清楚，如果你执意

要报复且认为那才是对他最好的惩罚,相信我,这只是你现在的想法,以后你肯定会后悔的,你自己会从心底里后悔。我向你承诺,我可以再送你更漂亮的竹条。"迈克尔陷入了沉思,暂时放弃了报复的念头。

几天过去了,迈克尔似乎忘记了那天的事情,有一天又遇到了那位农民的儿子。这一次,农民的儿子正挑着一担重重的木柴朝家里走去,却不小心摔倒在地,爬也爬不起来。迈克尔看见了,急忙跑过去帮忙捡起了木柴。这时农民的儿子感到很愧疚,为之前的行为感到后悔,甚至在迈克尔离去的时候,还小声说了一句:"那天,对不起!"迈克尔则高高兴兴地回家了,他想或许这才是最好的"报复",我不会后悔的,如果不是父亲提醒我,可能我现在正在忏悔呢。

当我们试着去宽容别人的时候,受益最大的却是自己。宽容体现的是一个人的大度与涵养,同时也是一种积极的生活态度和高尚的道德观念的表现。如果在他人犯错或事情出现问题时,我们能宽容待之,定能给大家留下好的印象,为建立和谐的人际关系奠定基础,更为关键的是,我们不仅赢得了他人的好感,还能获得一份愉快的心情。生气破坏的并不是一个人的心情,很有可能是一大群人的心情,因此不要轻易生气,尤其是不要因为生气而做出一些后悔的举动,试着将眼光看得长远一些,这样既赢得了美誉,又为自己赢得了一份好心情。面对他人的无礼举动,克制住内心的愤怒,不要只贪图口头之快,否则我们的余生将在悔恨中度过。

容易被激怒，证明你内心脆弱

古罗马哲学家、悲剧作家赛涅卡说："愤怒犹如坠物，将破碎于它所坠落之处。"容易被激怒是人性格中的一个弱点，而能够受它摆布的往往是生活中的弱者，也就是内心脆弱的人，比如儿童、老人、病人等。事实上，在现实生活中也常常看到这样的场面：小孩子因为一点点事情没有顺着他的心，就会坐在地上或者直接躺在地上发脾气；老人发怒的时候，用颤抖的手指着儿子说"你这个不孝子！"那些身患重病或被告知患了绝症的人，会在医院里处处与医生护士作对，只要稍不如意就摔东西大喊大叫。类似的场面还有很多，不难发现一个有趣的共同点：那些脾气不好、容易生气的人都是内心脆弱的，不能接受生活中的任何不如意。

卡尔多瓦说："人应当有一张用粗绳索编织的荣誉保护网。"那些内心脆弱的人似乎更需要一张保护自己的网，怒火成为最常用的一张"网"。或许他们觉得，只要自己生气了就可以占据主动，可以给那些瞧不起自己的人以厉害的一击。因此怒火常常出现在最脆弱的时候，由于内心脆弱，他们会努力在愤怒的同时给对方以蔑视，因为他们不想表现出畏惧，不想泄露内心的脆弱，同时也避免自己受伤害。因此要防止内心脆弱的人发怒、生气,可以借鉴两个方法:一是,在谈一件令他愤怒的事情之前,要选择恰当的时机,先给对方留下良好的印象;二是,设法消除对方因受轻视而感到侮辱的心结。此外,具体情况因人而异,或许还能找出其他的原因,尽可能地顾及对方的脆弱心理。

你是不是一个容易生气的人呢?来完成一个小测验,看看自己内心是否也有着看不见的脆弱呢?

下列四种自然界的水,你会比较喜欢哪一种呢?

A.惊涛骇浪般拍打着岸边的水

B.一望无际、平静辽阔的水

C.从高处骤然落下的瀑布

D.急流险滩、强劲奔腾的水

结果分析参考:

A:你是一个心里有话就藏不住的人,性格单纯,容易被激怒,容易冲动。在家人和朋友的眼中,你是一个喜欢发脾气的人,不仅发泄愤怒的情绪,有时候还会"动武"。不过坏脾气来得快,去得也快,熟悉你的朋友知道如何与你相处,但是陌生的朋友有可能对你退避三舍。

B:修养较好,包容力强,平时不怎么会发脾气,遇到许多不公平的待遇,通常会一笑了之,对方的怒火反而满足了自己本身的优越感。虽然不会轻易生气,可遇到自己不喜欢的人,还是会渐渐疏远,不过对方很少会感觉到你的敌意。

C：不随便生气，一旦生气就会天翻地覆，常常让人感觉莫名其妙。在平时的生活里，你习惯将那些不满的情绪压抑在内心，很少向人说起也没有合适的途径发泄。这样一来，情绪积压久了，性格就变得十分暴躁，一遇到不如意的事情，怒火就有可能被引燃，甚至爆发得莫名其妙、歇斯底里。

D：性格阴沉，不随便生气，但是并不代表你的脾气相当好，在大多数的时候是遇到了不如意的事情隐忍不发，暗自记在心中。生气也是计划很久，故意让对方犯错再抓住对方，细数对方的罪状，对方百口莫辩、不寒而栗。

这样看来，似乎有三种人容易被激怒：第一是内心十分敏感的人，神经过于敏感，一点点小事就可以刺激到他们。脆弱敏感的人容易被激怒，即使有的事情在别人看来是微不足道的，也总能引起他们心中的怒火；第二是自认为被轻视的人，他们的内心也是相当脆弱，别人的轻视会令自己怒火中烧，造成的后果与伤害也是非常严重的，因此轻蔑会激怒他们心中的怒火；第三是自认为名誉受到损害的人。

罗宾逊是一个农民的儿子，妈妈在他很小的时候就离开了人世，村里的玩伴经常取笑他："你是一个没有妈妈的孩子。"他又受不了来自别人的怜悯，感觉那是赤裸裸的取笑，当有人好心地说道"这个孩子真可怜"时，罗宾逊就会生气地说："不稀罕你的可怜。"说完还满眼仇恨地盯着对方。

有一次，罗宾逊看到一只蜜蜂在花丛中飞来飞去，就想

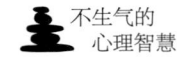

抓住它再揪掉它的翅膀。没想到的是,他不仅没有抓到蜜蜂,还被蜜蜂蛰了一下。蜜蜂飞进了蜂巢,罗宾逊被疼痛激怒了,心想:就连一只小小的蜜蜂都来欺负我,我要让你知道我的厉害,罗宾逊发誓一定要报仇。于是他找来了一根棍子,朝蜂巢捅了几下,顿时一群蜜蜂飞了出来向他扑去,蛰得他浑身上下都是伤痕。

内心脆弱的罗宾逊的心中时刻有一团怒火,见不得别人的怜悯,也不喜欢他人的挑衅。哪怕是一只小小的蜜蜂蛰了自己,他也会怒气冲冲地想要报复,然而在蔓延的怒火下,罗宾逊也吃了不少苦头。罗宾逊的故事告诉我们:一个人在愤怒时要小心地抑制住内心的怒火,不应该恶语伤人,尤其是针对具体的人和事时,以免给自己带来一些不必要的麻烦。另外,在愤怒时千万不要揭人的伤疤,这样会更让人不可容忍。总之,无论在情绪上如何生气,在行动上千万不要做出太偏激的事情。最有效克制怒火的办法,是不断充实自己的内心,让自己不再脆弱,这样我们就不会经常被怒火包围了。

生气,是拿别人的过错惩罚自己

德国哲学家康德说:"发怒,是用别人的错误来惩罚自己。"在现实生活中,喜欢生气的人不在少数,可是当有人问道你为什么生气时,他们却支支吾吾答不上来,似乎已经忘记了生气的原因是什么。有人做过一项调查,那些经常生气的人从来不重视生气的理由,如果详细地询问,他们会给出一些不像理由的理由,诸如"我就是看他不顺眼""他凭什么表现得那么嚣张,我气不过"等。在阐述理由的过程中,他们提到最多的都是"他",其实自己的利益根本没有受到任何的损失,生气只是因为"他的错误"。仔细思考会发现,自己生气是用别人的错误来惩罚自己。所以何必要用他人的错误,在自己心中点一把火呢?

"生气是对自己的惩罚。"有人不理解,生气的发泄对象是别人,怎么自己还会成为惩罚对象呢?其实不然。你若理解生气对一个人的健康的危害性,就会明白什么叫作惩罚了。美国心理学家埃尔马做过一个简单的实验:把一根玻璃管插在盛有水的容器里,再让实验者把气吐到水里,用这个方法收集了人们在不同情绪状态下的"气"。实验结果表明:一个心平气和的人吐出的气进入水中,水清透明,一点杂色都没有;一个有点生气的人吐出的气进入水中,水会变成乳白色,而且水底还有沉淀;一个怒发冲冠的人吐出的气进入水中,水会变成紫色,水底有沉淀。埃尔马将紫色的"气"水抽出部分,注射在小白鼠身上,只过了几分钟小白鼠就死了。对此,埃尔马得出了这样一个结论:一个人在生气时,体内会分泌出许多带有毒素的物质。生气对身体有害无益,何必用别人的错误惩罚自己呢?

有一天，佛陀在竹林中休息，一个婆罗门闯了进来。由于同族的人都出家到佛陀这边了，这位婆罗门为此很生气，因而见到了佛陀就开始破口大骂。佛陀没有说话，等到婆罗门发泄完心中的怒气以后才说："婆罗门啊，你家偶尔也会有访客吧！"婆罗门感到很奇怪回答："当然有，你为何这样问？"佛陀笑了说道："你也会偶尔款待客人吧。"婆罗门点点头说："那是当然了。"佛陀继续说道："假如访客不接受你的款待，那么这些菜肴应该归谁呢？"婆罗门想也不想，就回答说："要是他不吃的话，那些菜肴只好再归我！"

佛陀看着他又说道："你今天在我的面前说了这么多坏话，但是我不接受它，所以你的无理责骂，都是归于你了！婆罗门，我被谩骂再用恶语相向时，就犹如主客一起用餐，因此我不接受这道菜肴。接着佛陀又说了这样几句话："对愤怒的人，以愤怒还击是一件不应该的事情。对愤怒的人，若是不以愤怒还击，可以得到两个胜利：知道他人的愤怒，却能保持镇静，不但能战胜自己，也能战胜他人。"婆罗门接受了这番教诲，且出家于佛陀门下，后来他成为了阿罗汉。

佛陀告诉我们："在不顺利的境况下，能够做到不生气、不发怒，本身就是一种生活智慧。"最近朋友群中流行着这样一句话：我生什么气！我生气是拿你的错误惩罚我自己。与其耗费多余的精力去生气，不如好好打理自己的心情。央视主持人朱军曾说："得意时淡然，失意时坦然。"心由境造，我们

第二章
转换角度看问题，心情变了就不愤怒了

面对的是一个多变的世界，可能改变不了环境但是可以改变自己；可能改变不了事实但是可以改变态度。正所谓"大肚能容天下难容之事，笑天下可笑之人"。如果你知晓了这个道理，还有什么气可生呢？

这天，因为同事在工作上对自己十分无礼，娜娜非常生气。不过由于自己刚刚到这家公司上班，还没有找到可以畅谈心事的女同事。于是她将气愤的情绪带回了家中。回到家里娜娜一个人坐在沙发上生闷气，越想越生气，甚至内心有一种冲动：干脆辞职吧，这样的同事以后怎么一起共事？

正在这时，电话铃声响了，原来是自己的闺中密友雯雯。电话里雯雯邀请娜娜周末一起逛街，娜娜没好气地回应一声："哦。"雯雯从语气中听出了不快，关心地问道："出了什么事情？今天工作顺利不？"这话问到了关键点上，于是娜娜一股脑儿说出了心中的苦闷。没想到电话那边却传来了一阵笑声，娜娜有些生气："我正生气呢，你还这样嘲笑我。"雯雯笑着说："娜娜，你没有听说过吗，最近很流行这样一句话，生气是拿别人的错误来惩罚自己。既然错在你同事，你生什么气呢？看你在家气得不吃饭、不说话、不开心，你的同事说不定这会儿还很开心呢。别想那些事情了，都是小事一桩，不值得生气。"听了雯雯的分析，娜娜明白自己陷入了不良情绪之中，生什么气呢，该干什么就干什么去吧。

生气的时候不妨冷静下来细想，自己生气是为他人，还

是自己呢？如果错误并不在自己，何必要在自己心中点一把火呢？有时候，令自己生气的人或事情已经走远了，自己却还在为他生气，值得吗？更多的时候，我们真的是拿别人的错误惩罚自己，在惩罚自己的同时也达不到纠正别人错误的目的。因此与其拿别人的错误惩罚自己，倒不如以德服人，让对方主动认识到自己的错误。

第三章
做不生气的智者,生活就会多一些阳光

马克思曾说:"一种美好的心情比十副良药更能解除生理上的疲惫和痛楚。"一份好心情,就如同阳光雨露,能够使人身心愉悦。然而对每一个人来说,心中或多或少都会潜藏着一个"气团",就像天空并不总是万里无云,有时也会乌云滚滚。"气团"源于坏情绪的积压,从而形成一种消极的心态,主要表现为容易生气、心情时好时坏等。多给自己一些阳光雨露,就可以赶走"乌云",让郁积在内心的"气团"消失,做情绪的主人。

自我调节，做人要有点阿Q精神

阿Q似乎是一个并不陌生的名字，在鲁迅先生的描绘下，他的鲜明个性跃然纸上。而对阿Q精神，人们却褒贬不一：有人感到不屑，把它当作民族的劣根性；有人却崇尚阿Q精神的积极性，甚至坦言："生活中需要阿Q精神。"很多时候我们会发现，阿Q不仅仅出现在鲁迅先生的小说里，还经常出现在生活中。在阿Q身上有一个引人注目的特点："在挫败或生气时，他都会以虚幻的胜利感来安慰或欺骗自己。"因此人们将这一情绪调节法称为"阿Q精神胜利法"。在现实生活中，良好的情绪的确是需要阿Q精神胜利法的。这是一种调节情绪的有效方法，如果运用恰当，会助我们走向成功。

在小说里，阿Q的形象看起来似乎很可笑，但是在那个充满苦难的年代，阿Q只能用那种无奈的方式来增强自己活下去的信心与勇气。有心理学家研究了阿Q的行为特点，认为"阿Q精神胜利法实际上是一种自我心理调节，对调整心态或情绪十分有帮助。"当然我们借鉴的是阿Q精神胜利法的积极面，例如，遇见令人生气的事情时微微一笑，不仅快乐了自己，也将快乐带给了别人。这样看来，阿Q并不是要贫嘴而是玩魔术，他制造出且享受到的快乐，实际上比那些有钱人更多。孔子曾这样评价自己的得意门生——颜回："一箪食，一瓢饮，居陋巷，人不堪其忧，回也不改其乐。"颜回以求道为乐，尽管衣食简陋但自得其乐。虽然阿Q与颜回相差十万八千里，不过他们有一个共同的特点：都掌握了快乐的哲学，学会了调节情绪的有效方法。那些掌握了精神胜利法的人是很少生气的，即使心中有气也仍然因为精神上的胜利而变得快乐。

在未庄，阿Q是一个极其卑微的人物。在他看来，整个未庄的人都不在自己眼里。赵太爷进城了，阿Q并不羡慕还说出了狂妄自大的话："我的儿子将来比你阔得多。"进了几回城后，阿Q变得十分自负甚至有点瞧不起城里人。别人嘲笑自己头上的癞头疮疤时，阿Q不仅不生气反而以此为荣，笑着回答："你还不配。"

在未庄，阿Q经常被欺负。被一些闲人揪住辫子往墙上碰时会说："打虫豸好不好？我是虫豸，你还不放么？"有人说："阿Q，你怎么如此自轻自贱？"阿Q听了也不生气，反而自诩"自轻自贱第一名"，毕竟状元不也是第一名吗？如此看来，自己的这个名号似乎并不吃亏。

与别人打架的时候，如果是自己吃亏了，阿Q也不生气，心想："我总算被儿子打了，现在的世界真不像样。"于是本来愤愤不平的心理也得到了满足,以胜利的姿态回家去了。赌博赢来的钱被人抢走了,阿Q也不气恼,如果没有办法摆脱"闷闷不乐",他就自己打自己,这样感觉被打的是"另外一个人",这样阿Q在精神上又一次转败为胜。

  精神胜利法就如同麻醉剂,让阿Q一次次摆脱了内心的烦恼,变得无比快乐。阿Q依然是阿Q,面临绝望的物质困境,唯有用精神来安慰自己。现实生活中的我们,也可以用阿Q精神来摆脱不良情绪的困扰,受到他人的辱骂时想到幸好失去内涵修养的人是他而不是我;受到不公正的对待时想到至少我能公正地对待一个人。以精神上的胜利来安慰生气的自己,内心的愤怒情绪就会消失不见。

  在日常生活中,我们常听到:"差点被气死了!"人之所以生气,主要原因是自己心胸狭窄。三国时期,周瑜才能过人,却因心胸狭窄,在诸葛亮的"攻心"之下被活活气死。临终前还发出"既生瑜,何生亮"的感叹。或许周瑜至死都不知晓精神胜利法的存在。同样是拥有卓越才华的司马懿,却善于运用阿Q精神,即使诸葛亮派人给司马懿送去了"巾帼女衣"表达羞辱,司马懿也丝毫不生气反而笑着说:"孔明视我为妇人焉。"如此若无其事,将阿Q精神发挥到极致。不得不承认,阿Q精神可以有效地避免生气,所以学学阿Q精神,让自己"Q"起来吧。

调节情绪，始终保持好心情

哲人说："人生就像一朵鲜花，有时开有时败，有时候面带微笑，有时候低头不语。"无论处于什么样的境地，只要学会看情绪晴雨表，学会调节出好心情，你会发现人生远没有想象中的糟糕，我们遭遇的根本不算什么。人生注定就是一条曲折、困难的路，或许烦恼无所不在，但是如果我们能够尝试着打开心灵的另一扇窗户，以一种积极、乐观的心态去面对，你会发现所谓的烦恼根本不存在，人生依然无限美好，问题的出现并没有改变我们的好心情。有人这样抱怨："这天老是下雨，还要不要人活啊？今天出门的计划又泡汤了。"而在街头的另一处风景中，一位少女正撑着雨伞散步，享受着雨天带来的惬意。由此发现"下雨"这个事实并没有改变，改变的不过是自己的心情。像天气预报一样，情绪也有晴雨表，要想拥有一个好心情，我们要懂得选择"晴朗的天气"，而不是"沮丧的天气"。

曾经听过这样一个故事：

有个老太太有两个儿子，一个卖伞，一个刷墙。老太太天天闷闷不乐、愁眉苦脸。因为晴天的时候，她担心儿子的伞卖不出去；下雨的时候，又开始发愁另外一个儿子没法刷墙。后来一位智者告诉他："不妨试着换个心情想想，下雨的时候，卖伞的儿子的生意就好，你的心情就好了；天晴的时候，刷墙的儿子的生意就兴旺,你的心情自然也就好了。这样一来,无论是晴天还是雨天,对你来说心情都没有改变。因此,无论晴天还是雨天,你应该选择的是一份快乐的心情。"老太太听了笑逐颜开,再也不担忧天气了。

杯子里有半杯酒,一个酒鬼来了,摇了摇头十分沮丧地说:"唉,只有半杯酒!"一会儿又来了一个酒鬼,看到后兴奋地说:"太好了,还有半杯酒!"杯子里依然是半杯酒,但因为心境不同,心情自然大有不同。每个人的心中都有一份情绪晴雨表,只是我们常常习惯阴郁的雨天,而忘记了晴朗的天空,于是情绪也变得阴郁,以悲观、消极的心态来面对生活。如此一来,那些本来看起来十分细小的事情,也会让我们火气大发,甚至阴郁的心情会逐渐蔓延影响我们身边的人。心情与生活一样是可以选择的,即使事情变得十分糟糕,我们也可以选择以快乐积极的心态面对,这样不仅能理性地判断事情的真实情况,也可帮助我们更好地解决问题。

从前有一位禅师,他十分喜爱兰花。在平日讲经之余,禅师花了很多时间栽种兰花,弟子们都知道禅师把兰花当成了自己生命的一部分。

有一次禅师要外出云游一段时间,临行前特意交代弟子:"好好照顾寺庙里的兰花。"在禅师云游的这一段时间里,弟子们很细心地照料兰花。有一天,一位弟子在浇水时不小心碰倒了兰花架,所有的兰花盆都跌碎了,兰花也洒了满地。这位弟子十分恐慌，决定等禅师回来后向禅师赔罪。

禅师云游归来听说了这件事，立即召集了所有的弟子，他非但没有责怪那位弟子反而安慰道："我种兰花，一是用来供佛，二是为了美化寺庙环境，不是为了生气而种兰花的。"

禅师喜欢兰花，是一种情感的自然释放。因此即便弟子不小心弄坏了兰花，禅师也选择了快乐的心情，不仅没有生气，还安慰弟子要放宽心。面对兰花这件事，禅师选择了坦然的心情，虽然喜欢兰花，却没有"气团"这个障碍，所以兰花一事并不会影响自己的情绪，禅师依然有一份难得的好心情。深知情绪晴雨表的禅师明白，即使生气又有什么用呢？生气反而会扰乱自己的心情，不如选择一份快乐的心情，以坦然的心境面对一切，这样才能收获人生的幸福与快乐。

一旦生气，你就感受不到任何快乐

佛说："烦由心生。"每个人不过是一个凡夫俗子，怎么会生出那么多"气团"呢？有什么值得生气的呢？一个人在生气时会有这样或那样的理由：受到了不公正的待遇，受到了他人的辱骂，受到了朋友的欺骗等。虽然只要一个人还活着，就免不了生这样或那样的气，但是很多时候，我们只是"拿别人的错误惩罚自己"，本来犯错的就不是自己，何必要生出那么多的气来？而且生气又不是一件皆大欢喜的事情，既伤自己的身心,又会得罪朋友或身边的人。因此学会为生活多增加一些阳光雨露,不要生气,因为生气的天空是看不见美丽的彩虹的。

德国哲学家康德曾说:"发怒,是用别人的错误惩罚自己。"别人的错误是应该受到惩罚,可并非一定要通过自己生气的方式来实现,而且生气并不能达到惩罚他人的目的。既然错误在别人,自己为什么要生气呢?难道自己发了很大的脾气,对方就能受到惩罚吗?结果恰恰相反,气得大哭,红肿的是自己的眼睛;气得一个人喝闷酒,伤害的是自己的身体;气得丧失理性疯狂购物,挥霍的是自己的钱财,这都是对自己的惩罚。而且生气非但解决不了问题,反而会把问题弄得更加复杂。因此面对他人有意或无意造成的错误时,请学会开心,这样生活的天空就会时常出现美丽的彩虹。

从前有一个女子心胸狭窄,总是为一些小事生气,每一次生气,她都没有办法控制自己。长此以往,女子的脾气变得越来越坏。为了改掉自己的毛病,女子向一位大师求助。见到大师,女子就把自己的苦恼一股脑儿地倒了出来。大师听后一句话不说就把女子带到了一个封闭的柴房里,然后锁了大门,女子气得破口大骂。她一个人在漆黑的屋子里骂了很久,但是没有一个人来理会她,骂累了想到自己无论骂多久都是没用的,就开始哀求大师开门,但是大师还是无动于衷。

后来女子沉默了,大师才来到门外问道:"你还生气吗？"女子回答说："我生气的是我自己，我真是瞎了眼，怎么会到你这种地方来受罪！"大师看着远处说道："连自己都不原谅的人怎么能做到心如止水呢？"说完拂袖而去。过了一会儿大师又来了问道："还生气吗？"女子回答说："不生气了。"大师追问："为什么？"女子无奈地回答："气也没有办法呀！"大师点点头说道："不过你的气并没有真正地消去，那气团还压在心里，爆发后会更加剧烈。"说完大师又离开了。

又过了一会儿大师再次来到门前，女子主动告诉大师："我不生气了，因为这根本不值得。"大师笑着说："还知道值得不值得，可见你心中还有衡量，还是有气根。"女子不解问道："大师，什么是气？"这时大师打开了房门，将手中的茶水洒在地上，女子恍然大悟，向大师叩谢而去。

大多数时候，生气并不能真正地解决问题，即使心中有气，问题也未必能够得到解决。而且生气是一件不值得的事情，既然生气了还是不能解决问题，那为何不怀着一份开心的心情呢？积极乐观的心态或许会对解决问题有良好的助推作用。摆脱了"气团"的困扰，重新获得了一份愉快的心情，这何尝不是一桩美事呢？

哲人说："生命的完整，在于宽恕、容忍、等待和爱。如果没有这一切，即使你拥有了一切也是虚无。"生活中本没有那么多的烦恼，只是因为生气太多，烦恼才会形成了"气团"，从而使生活不得安宁。如果你仔细回想每一件事情，就会发现原来上天也很眷顾自己，亲人一直陪伴左右，朋友也从未主动离弃。为什么一定要生气呢？"气团"是一种奇怪的东西，吞下去会觉得反胃；不在意就会主动消失。如果总是任由"气团"横冲直撞，乌云就会笼罩整片天空；如果根本不在意"气团"的存在，美丽的彩虹就会重归生活。人生是有限的，哪里还有多余的时间去生气呢？任何时候我们都应该记住：生气是用别人的错误惩罚自己。

做个智者，生气其实是不够爱自己

马克·吐温说："世界上最奇怪的事情是：小小的烦恼，只要一开头，就会渐渐变成比原来厉害无数倍的烦恼。"智者往往不会在意那些小小的烦恼，因为烦恼会成为生气的源头，而生气则是十分愚蠢的行为。生气带来的恶劣情绪会挑拨起内心的冲动，冲动的结果将会令人更加生气。这样一来，情绪会形成一种恶性循环，一发不可收拾。若是远离生气，抑制住内心的愤怒情绪，就会到达开心的彼岸。哲人这样形容生气带来的愤怒情绪：一个人生气就像是在喝酒一样，一旦喝下了第一杯，就会一杯接着一杯喝下去，最后越喝越醉，越醉越喝。所以那些容易生气的人就这样愚蠢地陷入了愤怒的情绪里，难以摆脱。聪明的人是不会选择生气的，只有愚者才会选择生气。

一位研究情绪的心理学家曾这样说道:"生气是一种最具破坏性的情绪,它带给人们的负面情绪可能远远超过我们的想象。"生气的情绪犹如一颗定时炸弹,严重影响正常生活,使生活失去了原本的平和。一个人在生气时,所作所为都没有经过大脑思考,处处沾染着冲动的痕迹,虽然怒气在发泄的那一瞬间是顺畅的,但是后果需要自己埋单。因此学会做一个智者,克制住内心的愤怒,更不要因为生气而说出愚蠢的话、做出愚蠢的行为。

从前,在古希腊住着一位名叫斯巴达的人,他有一个很特别的习惯:每次生气或与别人争吵的时候,他都会以很快的速度跑回家,绕着自己的房子和土地跑三圈,跑完以后就坐在田边喘气。许多人都不理解,好奇地问为什么,斯巴达总是微笑不语。

斯巴达是一个勤劳而精明的人,在他的努力经营下,房子越来越大,土地也越来越广,可不管房子和土地有多大多广,一旦遇到了让自己生气或与别人争论的事情,斯巴达依然会绕着自己的房子和土地跑三圈。

几十年过去了,斯巴达老了,他的房子变得特别大,土地也变得特别广。不过这并不影响那数十年不变的习惯。每当生气的时候,他仍然会拄着拐杖艰难地绕着自己的房子和土地走三圈。好不容易走完了三圈,太阳已经下山了,斯巴达则独自坐在田边，一边喘气一边欣赏着自己的房子和土地。

孙女在斯巴达身边恳求："阿公！您可不可以告诉我？"斯巴达感到不解："告诉你什么呢？"孙女挨着斯巴达坐了下来说道："请您告诉我，您一生气就要绕着土地跑三圈，这其中有什么秘密？"斯巴达笑着说："年轻时只要一和别人吵架、争论、生气，我就会绕着房子和土地跑三圈，一边跑一边想：房子这么小，土地这么少，哪有时间和别人生气呢？一想到这里我的气就消了，整个人就变得平和了，又可以把所有的时间都用来努力工作。"孙女感到很不解："阿公！可是现在您年纪已经很大了，房子也大了，土地也广了，您已经是最富有的人了，为什么还要绕着房子和土地跑呢？"斯巴达温和地说："可是我现在依然会生气，为了克制内心愤怒情绪的蔓延，我在生气时还是要绕着房子和土地跑三圈，边跑边想：自己的房子都这么大了，土地都这么多了，又何必要和别人计较呢？一想到这里我的气也就消了。"

为了克制内心生气的情绪，斯巴达绕着房子和土地跑三圈，跑完了气也就消了。斯巴达这种跑步消气的行为，可谓是智者的行为，因为不生气才是智者的选择，而生气是愚者的本性。

生活中总是有着不如意的事情，有可能是被别人奚落了，有可能是自己最珍贵的东西被别人损坏了，即使面对这样一些令人生气的事情，我们依然可以选择不生气。智者深知，即使

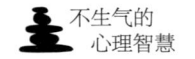

生气了也挽回不了什么，只会徒增许多怨气，于是他们选择了不生气；愚蠢的人总是看到事情的表面，一遇到不如意的事情就喜欢生气，总认为生气是自己的权利，殊不知时间久了，生气反而成为自己的本性。因此，做一个智者还是一个愚者，关键是看你如何去选择。

找到生气的"火源"，并将其彻底浇灭

现实生活中，我们会经常遇到一些令自己愤怒或生气的事情。这时候一种恶劣的情绪就会从心底不断地涌上来，如同火山下喷涌的岩浆，不断加温、加热，然后在某一刻突然爆发，这样一种心理情绪的失控会给生活带来一些不必要的麻烦。因此我们需要在"火山"爆发之前找到"火源"，并将其彻底浇灭，使之不再复燃。在通往成功的路上，许多时候并不是我们缺少机会或者是能力不足，而是这些"火源"阻碍了迈向成功的路。因为生气让我们失去了理智，同时也错过了成功的机会。

我们都懂得这样的道理：阻碍大火四处蔓延的唯一有效方法是彻底消灭火源。到底什么才是这场大火的引燃物呢？自己生气的根源是什么？这些都必须首先搞清楚。这个世界上没有无缘无故的气，它始终是源于一个点。心理学家认为，一个人心中的怨气是一点点郁积的，或许在刚开始的时候，我们的心

情只是稍微有点不愉快，如果这时候再遇到一系列令人头疼的事情，情绪就会升温，火势便开始迅速蔓延，最终造成的结果就是"火山爆发"。

一位心理学家曾经接待了一位客人：

那天，一位大学生模样的女孩走进了我的心理咨询室。一坐下她就向我"控诉"："前两天我正在准备一次重要的考试，可是就在前天晚上，隔壁王阿姨带着一对双胞胎女儿来串门。我暗示王阿姨，我明天要考试，需要安静的环境。但是妈妈特别喜欢那对双胞胎，极力挽留王阿姨再玩一会儿。小孩子很顽皮，我本来想静下心来好好复习功课，但是她们在外面又打又闹，我一点也看不进去，愤怒之余，内心感到一种委屈，忍不住趴在桌上大哭了一场。又想起之前种种不顺利的事情，结果越哭越伤心，几乎整个晚上都在哭。第二天，我感觉晕乎乎的，只得昏昏沉沉地去考试，所以这次考试很不理想。"

听完她的讲述明白了这是怎么回事。我帮助她解开生气的源头："这样看来，你似乎挺喜欢生气的。从你刚才的讲述中，我知道你其实有自己的房间，因此从一开始，你就可以告诉那两个孩子别闹，会影响自己学习，这样就可以互不干扰了。后来在房间里复习功课，不知道你发现没有，真正扰乱你心绪的并不是小孩玩耍打闹发出的声音，而是你内心对这件事一直耿耿于怀。由于你心里太在乎这件事情，只要意识到小孩的存在，就会心烦意乱甚至感到委屈而大哭一场。"听了我的话她点点头说道:"嗯,我感到十分委屈。每次遇到重要的事情,总是很容易被别人影响,白白浪费了时间和精力。"

看着她痛苦而又无奈的表情,我试着用理解的口吻说道:"你不要着急。其实你应该清楚自己为什么总是容易生气,这主要是你以前处理问题的方式不对。每个人的生活并不都是一帆风顺的,总是会遇到这样或那样的麻烦,但是如果这些问题没有及时得到解决,往往会产生较坏的影响。时间长了,你心中就形成这样一种思维定式:一旦遇上问题就采取消极的反应方式,诸如发脾气、生闷气等。于是生气就成为了你固定的条件反射。其实任何事情都是可以解决的,只要你积极地思考,不要遇到事情就闹情绪或生气。你可以试着平静下来或者向值得信任的朋友倾诉一番,这样你的情绪压力就会缓解了。"她走出心理咨询室时,我清楚地看见洋溢在她脸上的笑容。

心理学家认为,一般情况下,发脾气比生闷气好。可是在许多人看来,发脾气似乎是一件有伤大雅的事情,于是他们往往选择生闷气而克制自己爆发脾气。美国心理学家公布的一些研究结果表明:当一个人感到气愤而发脾气的时候,如果能够及时地宣泄,不仅有利于自己的身体健康,还有助于帮助自己找到"火源",让怒气彻底消失。

有人说:"经常性的生气就好像频繁的感冒,会严重影响自己工作时的表现。"虽然每个人都知道,怎奈心中怒气难消!在怒火攻心时,我们应该仔细想想心中的怒气从何而来?那越来越强的怒火,有什么破解的方法呢?对此,心理学家建议:破解怒气的关键是一定要找到怒气的根源。有时可能是一件微不足道的小事,有时可能是恶性循环的情绪反应,后者往往是愤怒和压抑累积的结果,爆发出的力量是强大而惊人的。在这样一种恶性循环下,即使与自己并没有直接关系的事,都有可能会动怒。当然要想找到"火源",我们必须平静下来,这样才能更好地浇灭"火源"。

做好情绪屏蔽,别让怒气伤害到你

著名作家大仲马说:"控制你的情绪,否则你的情绪便会控制了你。"对此,耶鲁大学组织行为学教授巴萨德说:"有四分之一的上班族会经常生气。"人们经常受到不良情绪的干扰,稍不留神情绪就会成为我们的主人。有人这样比喻:"经常性的生气就好像频繁的感冒。"在日常生活中,如果想要避免感冒病毒的侵袭,通常的做法是加强锻炼,保护自己的身体,这样感冒病毒就不会传染给自己。生气与感冒一样,如果没能做好预防工作,就不可避免地发生。因此为了不让怒气的毒侵袭到自己,我们应该做好防护。

为了避免怒气的蔓延,我们需要做的防护工作主要是学会冷静思考，这样才能有效地避免盲目冲动。如何才能做到冷静思考呢？对此，爱德华·贝德福这样说道："每当我克制不住冲动的情绪，想要对某人发火的时候，就强迫自己坐下来，拿出纸和笔写下某人的优点。完成这个清单时，内心冲动的情绪也就消失了，也能够正确看待这些问题了。这样的做法成为了我工作的习惯，它很多次都有效地抑制了心中的怒火。我逐渐意识到，如果当初不顾后果地去发火会使我付出惨重的代价。"贝德福有这样的习惯，其实是得益于早年的经历。

"十几年前，在美国最著名的石油公司，有一位高级主管做了一个错误的决策，而这个决策使整个公司亏损了200多万美元。当时洛克菲勒是这家石油公司的老总，而我则是这家石油公司的合伙人。事情发生之后，我没有立即前往石油公司。但是从侧面了解到，公司遭到巨大经济损失后，那位主要责任人一直在躲避洛克菲勒，企图躲过一劫。我感觉事情不好处理，抱着对那位高级主管的责难心情走进了石油公司。

"走进洛克菲勒的办公室时，我看见他在一张纸上写着什么。或许是听到了脚步声，洛克菲勒抬起头向我打招呼：'哦，是你？我想你已经知道公司遭受损失的事情了。在叫高级主管来讨论这件事情之前，我做了一些笔记。'我点点头，心想应该要计算一下那位主管造成的经济损失，这样才有说服力。于是我走了过去看了看那张纸，顿时惊呆了，那张纸上居然写着高级主管的优点,三次为公司做出过正确的决策。洛克菲勒在笔记后备注了这样一句话:他为公司赢得的利润远远超过了这次损失。

看完了洛克菲勒的笔记,我感到十分不解,向他质问道:"难道你打算原谅那位让公司损失200万美元的家伙?你难道不生气吗?"洛克菲勒看了看我,笑着回答:"难道你觉得这样不合适吗?听到公司损失的消息后,我比你更生气,当时就想解雇这位主管。可当我平静后发现事情并没有想象中那么糟糕,经济的损失可以通过下次再赚回来,而优秀员工的失去则是不可挽回的。"最后那位高级主管没有受到任何责备,我心中的怒气也消失了。

这件事情对爱德华·贝德福的影响非常大,以至于后来在回忆起这件事情的时候,他忍不住发出了这样的感慨:"我永远忘不了洛克菲勒处理这件事的态度,它影响了我以后的生活和为人处世的方式。我不再轻易生气,面对怒气时已经能做好一级的防护工作。"这一点并不假,贝德福属下的所有员工都可以作证:从那以后,贝德福的脾气出奇得好,几乎没有发过大脾气。

生气是一个人感到自己的尊严或利益受到损害而产生的冲动情绪,且很难一下子消除。心理学家认为,生气是人的弱点,所谓的大胆和勇敢,并不是动辄生气而是学会思考,学会克制自己内心的冲动情绪。阻止不良情绪的蔓延,就如同抵制感冒病毒的侵袭一样，因此，我们应该增强自身的抵抗能力，冷静思考，努力使自己变得平和，这样即使怒气冲冲，也能将它阻拦在外，冷静地处理事情。

第四章
与其嫉妒不如争气，用努力换来别样天地

法国科学家拉罗会弗科曾说："嫉妒是万恶之源，怀有嫉妒心的人不会有丝毫同情。"嫉妒是心灵的地狱，喜欢嫉妒的人总是拿别人的优点来折磨自己，有可能是嫉妒他人的年轻，有可能是嫉妒他人的长相，有可能是嫉妒他人的才学……正如一句谚语所说"好嫉妒的人会因为邻居的身体发福而越发憔悴。"由于缺乏自信，不希望别人比自己优越；因为自私，总是想剥夺别人的优越。要善于将内心的嫉妒之气化为志气，拼搏出别样的天地。

放下攀比心,越虚荣越容易生气

我国明代思想家、文学家吕坤说:"气忌盛,心忌满,才忌露。"嫉妒是一条毒蛇,专门啃噬人的心,我们常常说"羡慕",却很少提及嫉妒,似乎总想掩藏内心的秘密。嫉妒和羡慕本是同根生,别人有,你没有;别人能,你不能,羡慕和嫉妒就产生了。有人说,羡慕是嫉妒的华丽转身,羡慕中多了一丝向往,嫉妒中多了一丝怨恨。在日常生活中,常常会听到嫉妒的心声:"你看,隔壁的王先生多潇洒,楼下的阿松自己买了小车,对面的小张刚刚炫耀说又订了一套别墅,看看自己,还住在筒子楼,要钱没钱,要车没车,工作也不好……"俗话说:"人比人,气死人。"虽然人与人之间的比较是一种常见的心理活动,可如果用消极的心态去攀比,不仅会在比较中迷失自己,心中燃起嫉妒的熊熊大火,早晚有一天也会吞没自己。

人们常常为钱而奔波,没有一个人会嫌自己赚的钱多。但有些人明明有一份稳定的工作,拿着固定收入,却常与那些做生意的人相比。这样一比，除了一丝羡慕，剩下的全是嫉妒，心里总想着凭什么别人能赚那么多钱。因此常常抱怨生活，总是看这里不顺眼，那里不顺眼，甚至将这样一种嫉妒、怨恨的心态推己及人，给身边的人带来不好的影响。对此有人一语道破玄机："人活着就不能把金钱、荣誉、地位看得太重，其实拥有10万元和拥有100万元的人没什么两样，都是一日三餐，无非是他们吃海鲜，我们吃虾皮；他们开奥迪，我们开奥拓。前面有坐轿、骑马的，后面有推车的，我们就是中间骑驴的，比上不足，比下有余，所以知足常乐吧，哪来这么多嫉妒。"

在东南亚一带，流传着这样一个故事：

有一个人遇到了上帝，上帝对他说："从现在起，我可以满足你任何一个愿望，但前提是你的邻居会同时得到双份的回报。"那人高兴不已但是仔细一想：如果我要一份田产，邻居就会得到两份田产；如果我要一箱金子，邻居就会得到两箱金子；如果我得到一个绝色美女，那个看起来一辈子都打光棍的家伙就会同时得到两个绝色美女。他想来想去，不知道提什么要求好，实在不甘心让邻居占了便宜。最后他一咬牙说道："唉！你挖掉我一只眼睛吧！"

印度大文豪说："孤独的花儿，不要嫉妒繁密的刺儿。"如果人们在嫉妒的心理中沉沦，那么生活中所有美好的东西都将变成嫉妒的陪葬品。由于狭隘、自私而产生的嫉妒是消极的，在攀比心理的引导下，嫉妒心会成为前进的绊脚石，使自己陷入痛苦的深渊而无法自拔。人生就是一道加减法，有得必有失，幸福和快乐是不可比较的，因为它没有止境也没有具体的标准。如果总是纠结于攀比，那自己永远都是吃亏的那一个，因为在攀比时就已经忽略了自己的幸福。

早上王雯穿着新买的裙子去上班，心里别提多美了，心想：这身打扮应该会把办公室的那群人给比下去，不知道多少人会称赞自己有品位呢。她一边想着一边乐，忍不住对着公司大门口的镜子整理头发。来到办公室，王雯还没有来得及炫耀自己的新裙子，就看到一大群同事围着李倩，嘴里还发出阵阵赞叹声，王雯挤着过去一看，原来李倩今天也穿了新裙子，而且无论是款式还是质量都在自己之上，王雯看了一眼满脸不屑气冲冲地走了，身后传来同事的议论："她总是这副样子，爱攀比，比了又生气，真是搞不懂这个人……""可不是嘛，要我说啊，就是嫉妒心在作怪，每次都这样子，都已经习惯了。"

听了同事的议论，王雯的怒火一下上升了，她回过头大声责问道："你们说谁呢？"同事纷纷走开了，只留下脸红脖子粗的王雯，她生气地走进卫生间，对着镜子重新审视自己的裙子，越看越生气，一气之下，拉着裙子的下摆猛地一扯，本来只是发泄心中的怨恨，没想到新买的裙子居然被扯出了一条长长的口子，看着镜子中的自己，王雯气得哭了起来。

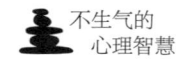

对一些攀比心较重、心理欲望较高的人来说，时常会因为攀比把自己气得够呛，到最后也不知道事情到底错在哪里。心胸狭隘的人，总喜欢以己之短比人之长，喜欢计较个人名利得失，越攀比越痛苦，感觉自己真的"吃了亏"或"运气不好"，甚至开始抱怨自己是"生不逢时"。看到自己的朋友当了官、发了财，自己的心里就很不平衡，总想着以前他们都不如自己呢，却从来不思考对方取得成功的原因。

智者说："弱者的思路是嫉妒，强者的出路是竞争。"以乐观积极的心态，化嫉妒为动力，鼓励自己不断前进，这样才会越来越接近对方，嫉妒之心也会消失不见。那些热衷于攀比的人，早晚会把自己气死。在这个世界上，没有绝对优秀的人，每个人身上总是有着这样或那样的缺点，在与他人比较的过程中，往往会生出许多嫉妒之气，此时要控制自己的情绪，如果任意妄为就会越想越气，心情自然会郁结。

宽容忍让，接纳他人的"好"与"坏"

一方面，我们可能是被嫉妒的人，时刻遭受着嫉妒者的奚落、冷漠，另一方面，我们也是嫉妒者，嫉妒着别人所能而自己不能、他人所有而自己没有的方方面面。在我们身边，既有千方百计想陷害自己的"小人"，也有什么都比自己强的"好人"。如何平衡这样一种关系，从而平衡自己的心理呢？无论

第四章
与其嫉妒不如争气，用努力换来别样天地

是来自嫉妒者的憎恨，还是他人的优秀，都是一种客观存在，威胁不了自己的位置，毕竟每个人都是独一无二的。这时不妨糊涂一点，调整好自己的情绪，努力克制住自己，既需要忍得了他人的"坏"，还需要容得下他人的"好"，如此心中才会坦然，嫉妒的情绪也会消失。

小珊在一家外企工作，上司都很喜欢她，可是身边的一些女同事却总是对她恶语相向。要不是喜欢这份工作，她根本坚持不到现在。小珊平时喜欢安静，这样的喜好在其他同事看来却成为了"高傲"，小珊感叹：女人多是非多啊！

其实小珊的内心并不坦然，她也对那些口出恶言的女同事充满了憎恶。为什么会在人际关系中有这样的感觉呢？到底这样的感觉是别人的还是自己的？她似乎没分清楚。此时的小珊需要忍得了女同事的"坏"，理解那份嫉妒之心是正常的，这至少表明自己还是优秀的，这样一想心中便释然了。

我们还需要容得下他人的"好"，身边总会出现一些比自己优秀的人，面对这样的人，我们要"宰相肚里能撑船"，容得下他们，而不是心生嫉妒之心。

管仲从小就失去了父亲，自幼与母亲相依为命，他天资聪慧，遇到事情喜欢动脑筋，对一些问题总是寻根究底，理想是当一名贤士名流。当时管仲家生活贫困，生活所迫，不得不学起了做生意。刚开始他把母亲编好的草帽拿到集市上去卖，但由于要价太高，整整一天一顶草帽也没有卖出去。正在管仲又

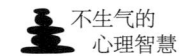

饿又困的时候，鲍叔牙路过此地，经过一番闲聊，了解了管仲的身世后对他更是同情，于是就请管仲到旅馆住下，与其纵论天下大事，管仲在言谈间表现出的才干令鲍叔牙更加钦佩。他对管仲说："如果你愿意，咱们俩合伙做生意吧。"管仲当即答应了，两人结拜为兄弟。

由于管仲家里比较贫穷，做生意的本钱都是鲍叔牙出，可赚来的钱，鲍叔牙总是把多的一半分给管仲。这令管仲很是过意不去，鲍叔牙却说："朋友之间应该互相帮助，你家里不富裕就别客气了。"过了一阵子，两人一起去当兵，在向敌方进攻时，管仲总是躲在后面；而大家撤退时，他又跑在了最前面，士兵们纷纷议论管仲贪生怕死，鲍叔牙却解释说："管仲家里有老母亲，他保护自己是为了侍奉母亲，并不是真的怕死。"管仲听到这些话后非常感动，感叹道："生我的是父母，了解我的是叔牙啊！"

后来，齐桓公在鲍叔牙的帮助下取得了王位，继位之后，立即封鲍叔牙为宰相。管仲当时帮助的是公子纠，因而被囚，鲍叔牙知道自己的才能不如管仲，于是向齐桓公建议说："管仲是天下奇才，大王若是能得到他的辅佐，称霸于诸侯易如反掌，管仲并不是与你有仇，只是当时效忠公子纠而已，大王若不计前嫌重用他，他也一定会忠于您。"不久之后，齐桓公用了管仲，在管仲与鲍叔牙的辅佐下，齐国渐渐强盛。

鲍叔牙以宽阔的心胸向齐桓公举荐了管仲，虽然管仲的才能远远在鲍叔牙之上，但鲍叔牙并没有生出嫉妒之心，反而处处为管仲着想，凡事都帮着他，在历史上成就了一段感人肺腑的友谊。正所谓"举廉不避亲，举贤不避仇"，当遇到比自己更优秀的人时应该表达敬佩之情，而不该心生嫉妒。在与竞争对手相处的过程中，总是看对方不顺眼，处处想排挤对方，这是一种嫉妒的表现。鲍叔牙容下了管仲的优秀，所以他成就一段历史美话。

既要忍得了他人的"坏"，又要容得了他人的"好"，因此那股子植于内心的嫉妒之气不得不消灭，可以采用以下方式。

1.培养自己豁达的心态

嫉妒心常常来自于生活中某些方面缺乏的修养，觉得产生嫉妒的时候，恰恰是因为别人得到了自己原本想要的地位或荣誉，所以才心生嫉妒。于是总是有种"缺乏感"来扰乱想法、感觉，引起强烈的负面心理，使自己被嫉妒心纠缠，并不断强化和持久化这种消极情绪。为了摆脱这种负面的心境，我们需要培养豁达、洒脱的心态，懂得"天外有天，人外有人""强中自有强中手"的道理，相信自己还是有很多机会的，这样嫉妒之心就会慢慢消减了。

2.转移自己的注意力

为了缓解失败带来的心理失衡，我们可以找一些事情做，让自己不再嫉妒别人。因此在工作之余，积极参加各种有益的活动，努力学习，使自己真正充实起来，这样嫉妒心将被逐渐瓦解，自己的涵养也慢慢地提升了。

与其"羡慕、嫉妒、恨"，不如努力奋斗

不知道从什么时候开始，人们嘴里开始念叨着"羡慕嫉妒恨"这样的词语，这样一种情绪竟然成了一句流行语。人们从不满情绪递增到不能自拔。羡慕是一种向往、崇拜，同时也是嫉妒的萌芽。若一个人对他人充满了嫉妒，其中肯定夹杂着羡慕的情绪；当羡慕不能改变自己的现状，他人依然有着自己不能超越的优势，羡慕就会转变为嫉妒。恨则是嫉妒的极限，它是由嫉妒心延伸的，因为总见不得别人的好，心底就会对某人产生憎恨的情绪。"羡慕嫉妒恨"看起来更像是一种修辞，不仅强化了中心词"嫉妒"的表达效果，同时也包含了嫉妒的来龙去脉。嫉妒到底源自哪里，又将演变成什么呢？"羡慕嫉妒恨"又能如何呢？那些我们不能改变的东西依然改变不了，无论是羡慕、嫉妒还是恨，都只是自己的情绪表达，伤害的还是自己，不会给他人增添烦恼。与其"羡慕嫉妒恨"，不如"努力奋斗拼"，化嫉妒为动力，这样才能将嫉妒之火彻底浇灭。

日本哲学家阿部次郎在《人格主义》里写道："什么是

嫉妒？那就是对别人的价值伴随着憎恶的羡慕。"嫉妒源自羡慕，不过也有细微的差异：羡慕是指看到别人有某项长处、好处或有利条件，希望自己也能获得同样的东西；嫉妒是指看到别人拥有这些东西，产生情绪抵触，顿时心生恨意。"羡慕嫉妒恨"刻画了嫉妒的成长轨迹，羡慕只是嫉妒的表层，恨才是嫉妒的核心。歌德更是一句话道出了"嫉妒"与"恨"的关系，他说："憎恨是积极的不快，嫉妒是消极的不快，所以嫉妒很容易转化为憎恨。"嫉妒心是人的一种本能，谁没有嫉妒过别人呢？只是每个人嫉妒心的强弱程度不同，微弱的嫉妒可以激发人的进取心和竞争意识，这根本不算什么坏事；如果一个人的嫉妒心过于强烈，整日痛苦着别人的幸福，幸福着别人的痛苦，时间长了就会陷入一种病态心理。

从前有个人饲养了山羊和驴子，主人总是给驴子喂充足的饲料，而山羊每顿只能吃得七八分饱。对此，嫉妒心很重的山羊对驴子说："你一会儿要推磨，一会儿又要驮沉重的货物，十分辛苦，不如装病摔倒在地上，这样就可以休息了。"驴子听从了山羊的劝告，摔得遍体鳞伤。主人请来了医生为驴子治疗，医生说："将山羊的心肺熬汤作药给驴子喝可以治好。"于是主人马上杀掉了山羊为驴子治病。

这是《伊索寓言》里的一个故事，嫉妒心强的山羊对驴子怀恨在心，假装为其出主意，实际上却是想将驴子置于死地，被嫉妒心吞噬的山羊在实施仇恨的报复行为中竟然将自己也不小心"算计"了进去。如此看来,"羡慕嫉妒恨"就如同一个无底的黑洞,不仅殃及了别人也埋葬了自己。

小王和小李是大学同学,大学毕业后他们进入了同一家公司。在别人看来这是多么奇妙的缘分,可对小王来说,却是有苦说不出。原来两人虽然是大学同学,却也是大学时代的竞争对手。在班里,小李是班长,小王是副班长,学习成绩不相上下。如果小王在歌唱大赛中得奖了,那么小李肯定会在诗歌朗诵中取得优异的成绩。在各个方面,小李似乎都略胜一筹,这让小王感到大学生涯很痛苦。小王克制不了自己对小李的嫉妒心,每次只要听到小李有了什么成绩,心中就有一种深深的恨意。

上班第一天,小李友好地向小王打招呼,没想到小王只是冷冷地回看了他一眼,却在心里暗暗下决心:这一次,我一定要超过你!可是小王第二天就遭受了打击,小李被任命为经理助理,职位一下子就高了很多。小王忍不住说了句风凉话:"没想到你还是跟大学一样手段了得。"小李忍住心中的不快笑着说:"你说话总是这样犀利,其实你也可以的,不妨把对我的恨意化作动力吧!"小王呆住了,自己以前那么嫉妒、仇恨,却从没能改变什么,小李还是那么优秀。如果自己早将那种羡慕嫉妒恨化作努力奋斗拼,或许早就摆脱苦海了。

培根说:"人可以容忍一个陌生人的发迹,但绝不能忍受身边人的上升。"虽然距离产生美,但是近距离的接触只会产生嫉妒。人一旦心生嫉妒,就会变得"卑劣"了,他会静静地等着你出现错误,甚至开始处心积虑地为你制造一些麻烦。有着强烈嫉妒心的人与"小人"没有实质上的差异。一般的嫉妒,只会停留在心理层面上的"恨",对他人并不会造成多大的伤害;强烈的嫉妒心,则会促使人采用一些卑劣的手段以阻碍他人的上升。

嫉妒源于自己不如人,若是一个人被人嫉妒,就会从嫉妒者眼里看到被嫉妒者身上的优越和快感。嫉妒别人,只会透露自己的懊恼、羞愧,打击自己的自信心。所谓"学到知羞处,才知艺不精",当你嫉妒一个人时,是否意识到自己的短处呢?古人说:"临渊羡鱼,不如退而结网。"不要对他人产生"羡慕嫉妒恨"的情绪,而应该化嫉妒为动力,自觉地将"恨"转化为"拼",自强不息,让自己真正进步!

直面你的嫉妒心并努力克服它

周国平在《论嫉妒》一文中写道:"嫉妒是对别人的快乐(幸福、富有、成功等等)所感觉到的一种强烈而阴郁的不快。在人类心理中,也许没有比嫉妒更奇怪的感情了。一方面它极其普遍,几乎是人所共有的一种本能。另一方面,又似乎极不光彩，人人都要把它当作一桩不可告人的罪行掩藏起来。结果它便转入潜意识之中，犹如一团暗火灼烫着嫉妒者的心。这种酷烈的折磨可以使他发疯、犯罪乃至杀人。"这似乎道出了嫉妒心的特点，实际上，每个人或多或少都会存在一些嫉妒心理，要想避免它，首先应该学会正视它。只有正视自己的嫉妒心，才能挖掘出自己的"失败点"。当然，嫉妒心理的出现也并不是无药可救，我们可以将嫉妒心理的危险系数降到最低，这就在于如何看待自己的嫉妒心了。

好嫉妒的人，不能容忍别人的快乐与优越，在嫉妒心理的刺激下，他们会用各种方式破坏别人的快乐与幸福。有的人会用流言蜚语恶意中伤他人，有的人采用打小报告的形式来排挤对方。好嫉妒的人，心里既自卑又阴暗，几乎享受不到阳光的美好，也体会不到生活的乐趣。嫉妒是人性的弱点之一，它是一种比较复杂的心理，包括了焦虑、恐惧、悲哀、猜疑、羞耻、怨恨、报复等不愉快的情绪。嫉妒的内容可能是窈窕的身材、美丽的容貌或是聪明才智，也许还有社会评价的各种因素，诸如金钱、地位、荣誉等。

有一个人，他十分嫉妒自己的邻居。邻居生活得越是快乐，他就越是感觉不到快乐；邻居生活得越好，他就越是痛苦。每天他都盼望着邻居倒霉，希望邻居家着火、邻居得了什么不治之症，或者希望雨天打雷能劈死邻居家里的一两个人，甚至希望邻居的儿子夭折……不过，令他更痛苦的是：每天看

第四章 与其嫉妒不如争气，用努力换来别样天地

到邻居时，总发现邻居活得好好的，还面带微笑与自己打招呼。为此这个人更加生气，恨不得给邻居的院子里扔一包炸药把邻居炸死，但是又害怕自己会偿命。就这样，他每天折磨自己，心中无比痛苦，身体也日渐消瘦，心中就像堵了一块大石头，吃不下，睡不着。

有一天，他决定给邻居制造点晦气。这天晚上，他在花圈店买了一个花圈，偷偷地给邻居家送去。当他走到邻居家门口时，意外地听到里面有人在哭，这时邻居正好从屋里走了出来，看到他送过来一个花圈忙说道："这么快就过来了，谢谢！谢谢！"原来邻居的父亲刚刚过世，这人感到十分无趣，"嗯"了一声就走了。

由于内心的嫉妒，他将自己置于心灵的地狱之中，折磨自己，最后却一无所得，只剩下无比痛苦的内心。嫉妒既害人又害己，嫉妒者制造的流言、恶语、陷害等，往往会给他人造成巨大的伤害；对自己来说，嫉妒伤身又伤心，嫉妒者把时光用在陷害和憎恨别人身上，而不是潜心于自己的心灵修炼。因此嫉妒不仅危害那些被嫉妒的人，也折磨嫉妒者本人，如果心中常怀嫉妒之心，就要正视它，不断地反省自己，改善自己的品行。

在战国时期，秦国常常欺侮赵国。有一次，赵王派大臣蔺相如到秦国去交涉，蔺相如凭着自己的机智和勇敢，给赵国争得了不少面子。秦王见赵国有这样的人才，不敢再小看赵国

了。而回到赵国的蔺相如,当即被封为"上卿"。赵王如此看重蔺相如,这可气坏了赵国的大将军廉颇,廉颇心想:我为赵国拼命打仗,功劳难道不如蔺相如吗?他只不过凭借一张嘴,有什么了不起的本领,地位倒比我还高!廉颇越想越不服气,嫉妒心开始滋生,怒气冲冲地说:"我要是碰着蔺相如,要当面给他点儿难堪,看他能把我怎么样!"

廉颇的这些话传到了蔺相如的耳朵里,蔺相如立即吩咐手下,以后碰着廉颇手下,千万要让着点儿,不要和他们争吵。廉颇手下看见上卿这样让着自己的主人,更加得意忘形,见到蔺相如手下就肆意嘲笑。蔺相如的手下受不了这个气跟蔺相如说:"您的地位比廉将军高,他骂您,您反而躲着他、让着他,他就越发不把您放在眼里啦!这样下去,我们可受不了。"蔺相如却心平气和地说:"我见了秦王都不怕,难道还怕廉将军吗?要知道,秦国现在不敢打赵国,就是因为国内文官武官一条心,我和他好比是两只老虎,两只两虎要是打起架来,不免有一只要受伤,这会给秦国一个进攻赵国的好机会。你们想想,国家的事儿要紧,还是私人的面子要紧?"

蔺相如的这番话传到了廉颇的耳朵里,想到自己的嫉妒之心,廉颇惭愧极了,正视了自己的心理,廉颇毅然脱掉一只袖子,露出肩膀,背了荆条直奔蔺相如家,对着蔺相如跪了下来。他双手捧着荆条,请蔺相如鞭打自己,蔺相如一把将廉颇扶了起来。从此两人成为了很好的朋友。

蔺相如宽广的胸怀,让廉颇意识到自己的狭隘,正视了自己的嫉妒心,清醒地挖掘到自己的"失败点",做出"负荆请罪"的义举,最终将内心邪恶的嫉妒心扼杀在摇篮之中,还因此赢得了一个朋友。面对嫉妒心,应该承认它、接受它,你越发抵制一种情绪,结果往往会适得其反;如果接受,就能正视地看待它、消化它,这种情绪最后就会消失。

狭隘与不自信是因为内心有嫉妒的根源

法国批判现实主义作家巴尔扎克说:"嫉妒潜藏在心底,如毒蛇潜伏在穴中。"嫉妒的人一定是自私的,而自私的人肯定有着嫉妒的心理,嫉妒和自私犹如一对孪生兄弟,彼此不可分割。如果一个人的内心不自私、不存在狭隘的心理,就不会对他人充满嫉妒之心。因为嫉妒,不希望别人比自己优越;因为自私,总是想剥夺别人的优越。喜欢嫉妒的人从来不说一句好话,因为狭隘的心里容不下别人的长处,以说别人的坏话来寻求一种心理上的满足。在生活中,喜欢嫉妒的人是没有朋友的,因为他把所有比自己强的人都视为敌人,又瞧不起那些比自己弱的人。

古人曰:"人有才能,未必损我之才能;人有声名,未必压我之声名;人有富贵,未必防我之富贵;人不胜我,固可以

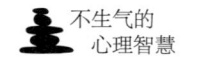

相安；人或胜我，并非夺我所有。操心毁誉，必得自己所欲而后已，于汝安乎？"嫉妒是毒害纯洁感情的毒药，是吞噬善良心灵的猛兽，是丑化面容的黑斑，其气来源于心中的狭隘与不自信。嫉妒是无能的表现，因为自己不能达到对方的高度，不能获得对方的荣誉，只好用嫉妒心理来维护自己的自尊。英国文艺复兴时期的哲学家弗朗西斯·培根曾说："在人类的一切情感中，嫉妒之情恐怕是最顽强最持久的了。"在众多心理状态中，嫉妒是一种病态心理，是基于内心的狭隘和不自信产生的。很多人容易产生嫉妒的心理，总觉得自己处处不如别人，埋怨上天的不公平。虽然"嫉妒之心，人皆有之"，但是如果这种心理不及时根除，就会束缚自己的内心，使心灵透不过气来。

在《三国演义》里，有众人皆知的"诸葛亮三气周瑜"的故事。

赤壁之战结束后，孙刘两家均欲取荆襄之地，如此才能占据长江之险，与曹操抗衡。刘备屯兵在油江口，周瑜知道刘备有夺取荆州的意思，便亲自赶赴油江与刘备谈判。谈判之前刘备心中忧虑，孔明宽慰说："尽着周瑜去厮杀，早晚教主公在南郡城中高坐。"后来周瑜在攻打南郡时付出了惨重的代价，不仅吃了败仗，自己还身中毒箭，不过周瑜还是击败了曹仁。可是当周瑜来到南郡城下时，却发现城池已经被孔明袭取，周瑜心中十分生气："不杀诸葛村夫，怎息我心中怨气！"

周瑜一直想夺回荆州，先后与刘备谈判均无好的结果。这时刘备夫人去世，周瑜便鼓动孙权用嫁妹之计将刘备诱往东吴而谋杀之，继而夺取荆州。没想到此计又被诸葛亮识破，将计就计让刘备与吴侯之妹成了亲。到了年终，刘备以孔明之计携夫人几经周折离开东吴，周瑜亲自带兵追赶，却被关云长、黄忠、魏延等将追得无路可走。此时蜀军又齐声大喊："周郎妙计安天下，赔了夫人又折兵！"这次周瑜气得差点昏厥过去。

过了一段时间，周瑜被任命为南郡太守，为了夺取荆州，周瑜设下了"假途灭虢"之计，名为替刘备收川，其实是欲夺荆州，不想计谋再次被孔明识破。周瑜上岸后不久，就有大批人马杀过来言道"活捉周瑜"，周瑜气得箭疮再次迸裂，昏沉将死，临死前长叹："既生瑜，何生亮！"

英国伟大的剧作家莎士比亚说："您要留心嫉妒啊，那是一个绿眼的妖魔！"周瑜本聪明过人、才智超群，却心胸狭隘，对比自己技高一筹的诸葛亮耿耿于怀、心生嫉妒，最终落得个气绝身亡、怀恨而死的下场。嫉妒就是这样一种病态心理，宛如毒药，周瑜被嫉妒的心态缠绕，最终无疑自饮毒酒。不难发现，嫉妒来自两方面，一是心胸的狭隘，二是对自己不够自信。试想如果周瑜能够心胸开阔，对自己充满自信，也不会英年早逝。

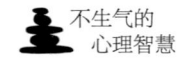

此外，嫉妒心理是具有等级性的，也就是说，只有处于同一竞争领域的竞争者才会有嫉妒心理和嫉妒行为。通常情况下，人们只会嫉妒与自己处于同一竞争领域的比自己表现优越的人，而不会嫉妒与自己不在同一个领域中的人。周瑜嫉妒诸葛亮，就是因为诸葛亮与他处在同一个领域，却没有嫉妒与自己不处于同一领域的曹操、孙权。

曹丕忌曹植，终留下了把柄："煮豆燃豆萁，豆在釜中泣。本是同根生，相煎何太急。"对自己的不自信以及内心的狭隘，常常使嫉妒心理愈加严重，若不及时抽身，反而会被嫉妒吞噬。古人曰："欲无后悔须律己，各有前程莫妒人。"好嫉妒的人自私而狭隘，往往很自大，总想高人一等，容不下比自己强的人，看到周围的人超过了自己，要么就设法贬低对方，要么就陷害对方。那么我们如何才能冲出嫉妒的黑网呢？除了应该正确认识自己，看到自己的优点，还应尽早从病态的自尊心和自卑感中解脱出来，正视自己与他人之间的差距，要知道与其嫉妒别人，不如学习对方的长处，这样思想解脱了，技能也长进了。因此，我们要学会正视自己，扬长避短，努力冲破嫉妒的黑网，走向豁达广阔的天地。

无须羡慕他人，做独特的自己

当代作家周国平说："伟大的成功者不易嫉妒，因为他远远超出一般人,找不到足以同他竞争、值得他嫉妒的对手。一个看破了一切成功限度的人是不会夸耀自己的成功的,也不会嫉妒他人的成功。"嫉妒是为了竞争一定的利益,对相应的幸运者或潜在的幸运者怀有的一种冷漠、贬低、排斥,甚至是敌视的心理状态。换言之,嫉妒是由于他人胜过了自己而引起的消极情绪。当看到同事比自己有能力时,心里酸溜溜的,不自觉就会产生羡慕、憎恶、愤怒、怨恨、猜疑等一系列复杂的情感。一般而言,好嫉妒的人不能容忍别人超过自己,害怕别人得到了自己无法得到的名誉、地位等,因为在他们看来,自己办不到的事情别人也不要办成,自己得不到的东西别人也不要得到。然而在这个世界上,每个人都是独特的,或许从一方面看,对方是比自己优越,但是在另一方面,自己拥有的却是对方未必能得到的。

在日常生活中,我们常常为那些不存在的东西而产生怨恨。有的人嫉妒邻居买了新房子,却忽略了自己有一个温馨的家;有的人嫉妒同事买了豪车,却忽略了自己有一个骑着摩托车接上下班的男友;有的人嫉妒朋友有美丽的外表,却忽略了自己有温和的好脾气。很多时候,对他人产生嫉妒之心时,已经让自己踏进痛苦的陷阱了,因为我们已经忽略了眼前的幸福。别人拥有的并不都是适合自己的,而自己拥有的应该是最好的,至少它能够长久地陪伴在自己的身边。如果你总是舍弃自己已经拥有的幸福,嫉妒他人获得的东西,就会发现自己不仅什么也没有得到，反而徒增了许多烦恼。因此，做最独特的自己，没有必要心生嫉妒，因为你拥有的别人未必能得到。

从前有一位贫穷的农夫，他有一位非常富有的邻居。邻居有一栋非常漂亮的房子，房子有一个很大的院子还有一辆漂亮的马车。对此，农夫十分嫉妒心想：他一个人住那么大的房子，可我呢？一家五口人挤在一个小草房里，真是太不公平了。每次遇到这位邻居，贫穷的农夫都会冷漠地走开，似乎这样一种姿态可以满足自己的自尊心。到了晚上，农夫就开始痛苦了，翻来覆去就是睡不着，总想着如果自己能住上邻居家的大房子该有多好。于是他向上天祈祷，让那位富有的邻居变得像自己一样贫穷吧，不然自己会被嫉妒之心气死的。

后来，村子里来了一位智者，据说他能给痛苦的人指引道路，从而过上快乐的日子。农夫觉得自己也应该去看看，到的时候发现门口已经排起了很长的队伍，而排在自己前面的不是别人正是那位邻居。农夫感到很奇怪："这样一位富有的人也会感到痛苦吗？"过了半天，邻居进去了，农夫还在外面等着，直到太阳下山，邻居还没有出来，农夫的嫉妒又开始了："上帝真是不公平，怎么智者跟他说了这么多？"终于邻居出来了，脸上显露出了从未有过的笑容。

农夫心中一动急忙走了进去，智者说："你为何而痛苦啊？"农夫回答说："我总是看我的邻居不顺眼。"智者微笑着说:"这是嫉妒在作怪,你需要做的就是克制自己,想想自己拥有的东西。"农夫十分生气:"智者啊,你怎么也偏袒他呢?给我的邻居那么多忠告,却只给我简单的两句话。"智者说:"你一进来,我就猜到你为什么而痛苦,因贫穷而带来的嫉妒。可是你的邻居走进来,我只看到他殷实的外在却看不到他的精神,详细询问了才知道。"农夫不解:"他也会感到不快乐吗?"智者说:"当然,虽然他比你富有,房子比你大,可他只有一个人,而你呢?有贤惠的妻子和可爱的孩子,现在你想想,你拥有的是不是他缺乏的,这样一想,你就不会痛苦了。"听了智者的话,农夫释然了,他觉得到快乐的日子离自己不远了。

农夫的嫉妒让自己远离了快乐,陷入了痛苦的深渊,他看见的都是邻居的表面光鲜,而忽略了令自己快乐的因素。在这样的心理状态下,他会认为凡事都是邻居好,自己什么都差劲,经过智者的点拨,发现自己身上还隐藏着一些宝藏,而这些都是邻居缺乏的,自己还有什么可嫉妒的呢?

有这样一则寓言:"猪说假如让我再活一次,我要做一头牛,工作虽然累点,但名声好让人爱怜;牛说假如让我再活一次,我要做一头猪,吃罢睡睡罢吃,不出力不流汗,活得赛神仙;鹰说假如让我再活一次,我要做一只鸡,渴了有水,饿了有米吃,冷了有房住,还受人保护;鸡说假如让我再活一次,我要做一只鹰,可以翱翔天空、云游四海,可以随意捕兔

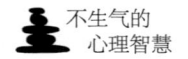

杀鸡。"在生活中，似乎风景都在别处，我们总是不由自主地去羡慕、嫉妒别人拥有的东西，嫉妒别人的工作，嫉妒别人买新房，嫉妒别人有车子，却忽略了自己有别人没有的优势。因此，不要去嫉妒别人，守住自己拥有的，搞清楚自己真正想要的，才会真正的快乐！

第五章
有效释放心理压力,不要处处与自己较劲

生活中,来自各方面的压力,压得我们喘不过气,这时候情绪容易激动、愤怒,心中常常涌起一阵无名火。大量的事实证明,现代人似乎更容易生气,哪怕只是一件微不足道的事情也会火冒三丈。令人感到疑惑的是:往往不知道"气"来自哪儿。其实怨气的根源是"压力"。因此,不要总是跟自己较劲,卸下心中的压力,给自己松松气吧!

找到属于自己的独家释压方法

缓解内心压力、发泄负面情绪的方法有很多，其中不乏有看看电影、听听音乐这样既轻松又恰当的方式。轻松、畅快的音乐不仅能给人带来美的熏陶和享受，还能够使人的精神得到放松。因此，当你紧张、烦闷时，不妨多听听音乐，让优美的音乐化解精神上的压力和内心的苦闷。和音乐有着相同"疗效"的还有电影，曾经有位朋友这样说："每次心里感到苦闷时，我就看周星驰的《唐伯虎点秋香》，边看边笑，现在为止，已经记不清楚自己看了多少遍了。"音乐和电影之所以能带来轻松的心境，是因为它们有一个共同的特点：艺术。当一个人被负面情绪困扰、感到精神压力巨大时，把自己置身于艺术的境界中，卸下心中的负担，就会感受到一种前所未有的轻松，畅游在艺术的殿堂里就能忘记烦恼，使心绪变得平静，心境变得宁静，那些压力和愤怒就在这样的心境中慢慢释放，最终让我们的心回归于平静中。

音乐和电影逐渐成为许多人发泄情绪、释放压力的方式之

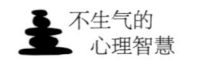

一，有了音乐和电影，就算一个人待在黑暗中也会感到心静、充实。有人曾遇到过一位信奉基督教的朋友，她讲述了自己的经历："最近老是被烦心事困扰，心变得敏感而细腻，有天晚上回到住的地方，居然发现自己没有带钥匙，同住的朋友还没有回来，一个人站在空旷的过道里，除了恐惧还有一点对朋友的憎恨。有趣的是，我那天正好带了《圣经》，无聊之余借着灯光读了起来，还唱起了圣歌。后来朋友回来了，这时我的心已经回归了平静，不再抱怨，也不再生气。"音乐带给我们的除了愉快，还有一份灵魂的寄托。

当然，音乐是具备选择性的，烦闷、愤怒时，人们都更倾向于听自己最喜欢的歌曲，其中轻音乐是较好的一个选择，因为它不像摇滚乐那样刺耳、嘈杂，更适合需要安抚情绪、平复心境的人。

轻音乐可以营造温馨浪漫的情调，带有休闲性质，因而又得名"情调音乐"。它起源于第一次世界大战后的英国，在20世纪中期达到了鼎盛，并影响至今。

轻轻地闭上眼睛，再放上一曲天籁之音，那些不沾尘埃的音符静静地流淌着，带走了一直压在心中的忧虑，让心灵在水晶般的音符里沉浸、漂净。清新迷人的大自然风格，返璞归真的悠扬旋律，如香汤沐浴，舒解胸中沉积不散的苦闷，扫除心中许久的阴霾，让你忘记忧伤，让身心自由驰骋。

在充满竞争的现代社会，每个人都会或多或少地遇到一些压力。压力既可以成为前进的阻力，自然也可以变成动力，很多时候要看我们如何面对。社会是不断进步的，人在其中不进则退，所以遇到压力的时候，最有效的办法就是缓解压力。如果暂时承受不了，也不要让自己陷入其中，可以通过看电影、听音乐的方式，让自己紧张的心情渐渐放松，再重新去面对生活，这时你会发现压力并没有想象中那么大。

除了听音乐、看电影等具体的方式，还可以采用以下方式调整心态：

1.以积极的心态面对压力

有的人总是喜欢把别人的压力放在自己身上，例如看到同事晋升了，朋友发财了，自己总会愤愤不平：为什么会这样呢？为什么就不是自己呢？只要尽力了就行，任何东西都是急不来的，与其让自己陷入无谓的烦恼，不如以积极的心态来面对，努力调整情绪，让自己的生活更加丰富多彩。

2.放下压力

人们在社会生活中的行为像极了一只小虫子，身上背负着"名利"，因为贪求太多，把负担一件件挂在自己身上，不舍得放弃，却压垮了自己。假如能够学会放弃，轻装上阵，善待自己，凡事不跟自己较劲，压力自然就缓解了。

3.转移压力

面对生活的诸多压力，转移是一个很好的办法。压力变得太沉重时，就不要去想它，把注意力转移到让自己觉得轻松快乐的事情上。把自己的心态调整好以后，就不会再害怕眼前的压力了。

4.感激压力

人生不可能没有压力，若是没有压力，人生就不会进取；没有压力，生活或许会变得暗淡。因此，在尽情享受生活的乐趣时，应该对当初困扰自己的压力心存一份感激，因为有了压力，才走得更远。

适度的压力，能激励你更努力

曾在一本书上看到这样一段话："人一生中都会面临两种选择，一是改变环境去适应自己，二是改变自己去适应环境。既然压力已经存在且无法彻底消除，何不积极地改变自己，正确引导各种压力成为自己前进的动力呢？"在现代社会，几乎每一个人都有压力，适当的压力可以帮助我们挖掘潜力。一个人的潜力究竟有多大呢？大多数人都不清楚。科学家指出：人的能力有90％以上处于休眠状态，没有被开发出来。如果一个人没有动力，没有磨炼，没有正确的选择，那么积聚在他们身上的潜能就不能被激发，而压力则会给予这样的动力。因为适当的压力不仅能激发出一个人无限的潜能，还能够带来许多快乐。

在日常生活中，来自各方面的压力令人感到疲惫，好像被

第五章 有效释放心理压力，不要处处与自己较劲

一个巨大无形的网笼罩着，这时做任何一件事情都会感到力不从心。于是在强大的心理压力下，我们常常会幻想享受无忧无虑、不食人间烟火的生活。事实上没有压力的生活是不可能快乐的，只会令你感到烦闷、无聊，时间长了，你会感觉自己在堕落，从而丧失了对生命的追求。同时生活在现代化的社会，无论如何都避不开压力，学生时代，承受的是各种考试的压力；工作时期，有竞争的压力，其中包括了家人的期许、自己内心的苛求等，这些压力都是无法避免的。既然无法避免那些潜在的压力，何不把压力当作生活的调剂品呢？

她是一位典型的家庭主妇，老公做汽车运输，生意十分红火，她的事业就是"相夫教子"。每天除了煮饭就是洗衣服，除了逛街就是打扫清洁，两个孩子的学习不用自己操心，因为请了家庭教师。生活得如此惬意，她也常常受到许多人的羡慕："你真有福气啊！老公有本事，孩子聪明伶俐，年纪轻轻就过上了富太太的生活。唉，真羡慕你，哪像我们要焦虑这个，担心那个。像你这样没有压力真好。"刚开始她也会客套几句："哪里哪里。"时间长了也会疑惑：难道自己真的如他人想象的快乐吗？孩子小，还可以陪在他们身边；现在孩子也上学了，老公长时间在外谈生意，家里就剩下了自己一个人，尽管没有金钱的压力、生存的压力，但是总感觉自己很无聊，心里烦闷，几乎已经远离了快乐，这是为什么呢？

在现代社会中，大多数人都会羡慕没有经济压力的家庭主

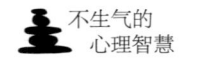

妇、坐在办公室里看报纸的公务员,总觉得他们的生活悠闲、自在,远离了压力的困扰。事实上,他们的生活真有那么快乐吗?一位公务员这样说:"我每天早上九点才去上班,十点左右就可以离开了,下午有时候根本不上班,虽然剩下了这么多时间,我也不知道怎么打发,心绪变得混乱不堪,时常感到无聊、烦躁,有时候甚至感觉自己在浪费生命。"烦闷常常来源于这种"无所事事"的状态,这与大多数家庭主妇的生活差不多,即使远离了社会的压力,但是无聊似乎比压力更令人苦恼。对此,心理学家对那些整日闲在家里的主妇们提出一个建议:尽可能找一份自己喜欢的工作,不管收入有多少,至少能够体现自己的价值,给生活带来适当的压力。

一位留学英国的朋友回国后,向同学们讲述了自己在国外的生活:"刚开始的时候,因为英文很烂,害怕出糗,我整天把自己关在屋里,看书、上网、看电影,这样的生活状态仅仅维持了一个月我就崩溃了。于是开始想:自己是否应该干点什么。"后来她去了国家应用科学院,开始时老师的课有一半都听不懂,而且没有教材,只能靠自己做笔记,压力非常大。当时她想自己只要及格就行了,没有必要追求名列前茅。于是,她每天都会拿同学的笔记来抄,然后自己在宿舍里拼命学。

临近考试时她开始冲刺,每天只睡三小时,第一次考试竟然及格了。虽然分数并不是很高,令自己更高兴的是,老师给全班同学发了一封邮件,在信里老师这样说:"这次考试,我以为出的题目比较难，没有想到的是，班里的三个留学生考得还不错，希望你们继续努力。"老师的鼓励让她受到了鼓舞，她开始认真听课，成绩也越来越靠前了。到了第二年，成绩就排在了全班第一，不仅令同学感到惊叹，连自己都觉得不可思议。最后她这样说道："在国外求学的经历堪称跌宕起伏，不过我并不觉得有什么不好，这些挫折与困难让我学会了承受，并赢得了最后的胜利。我们的生活需要适当的压力，压力教会了我什么是坚持，最重要的是，让我远离了那种无聊烦闷的生活，重新拾起了久违的快乐。"

有时候适当的压力并不算什么，坚持下来后就会发现已经没有多少压力了，所有的压力都会在行动中因为找到了发泄的途径而无影无踪。只要能够坚定地走下去并全力以赴，就会赢得自信，从而获得动力，走向成功。当然，只有适度的压力才是最有效的方法，如果压力过大或根本没有压力，就不会快乐，也不能赢得最后的胜利。也许有人会问，什么是适当的压力？适当的压力，就是指时间不长、刺激不大，但能让人最终有成就感的压力。因此随时让自己拥有适当的压力，舒缓过大的压力，从而远离无聊、烦躁的心境，重新追逐生活的快乐。

没有糟糕的环境，只有糟糕的心境

爱默生曾说："一个人如果缺乏了热情，是不可能有所建树的。热情像胶水一样，可以让你在艰难困苦的场合里紧紧地粘在这里，坚持到底，它是在别人说你'不行'时，发自内心的有力声音——'我行'。"在这个世界上，没有糟糕的环境，只有糟糕的心境。一个人若是怀着糟糕的心境，不管处于多么顺利的环境中，也会感觉到苦闷；一个人若是拥有一份热忱、乐观的心境，不管处于什么样恶劣的环境，依然可以过得快乐、幸福。那些心中充满抱怨的人，往往是自己跟自己较劲，既没有办法接受现实，又失去了改变境遇的能力，从某种程度上说，他们是可怜的。即使自己的处境再糟糕，抱怨又能改变什么呢？既然不能改变环境，何不改变自己的心境呢？

美国前总统亚伯拉罕·林肯在竞选参议员失败后说道："此路艰辛泥泞，我一只脚滑了一下，另一只脚也因而站不稳。但我缓口气告诉自己：这不过是滑一跤，并不是死去而爬不起来。"阻碍我们前行的并不是糟糕的环境，而是内心那份早已经发霉的心境。拥有良好的心态，才能够持之以恒，直到最后的成功，面对再糟糕的环境也能坚定地走下去。

一位将军去沙漠参加军事演习，妻子塞尔玛需要随军驻扎在沙漠中的陆军基地里。干燥高热的气候令塞尔玛感到很难受，而身边又没有可以倾诉的人，陷于孤独的塞尔玛经常给父亲写信，在信中透露出自己想回家的强烈愿望。然而拆开父亲的回信，只有短短的两行字："两个人从牢中的铁窗望出去，一个看到泥土，一个却看到了星星。"父亲的回信令塞尔玛十分惭愧，她决定要在沙漠里寻找星星。

从那以后，塞尔玛开始与当地人交朋友，彼此之间互相赠送礼品，闲来无事就开始研究沙漠里的仙人掌、海螺壳化石。她慢慢迷上了这里，还把自己的亲身经历写了一本书——《快乐的城堡》。

沙漠并没有改变，当地的印第安人也没有改变，到底是什么使塞尔玛的生活发生了巨大的变化呢？当然是心态，以前有着糟糕心境的塞尔玛看到的只是沙土，心态发生变化之后，乐观的塞尔玛在沙漠里寻找到了星星。通过塞尔玛的故事，我们知道：在这个世界上，根本没有糟糕的环境，有的只是糟糕的心境。感到苦闷或烦躁时，不妨试着反省自己，根源是否在于自己抱着一份糟糕的心境呢？如果答案是肯定的，那么尝试着改变自己的心态，放弃糟糕的心境，重新以乐观积极的心态看待自己的处境，也许你会惊讶地发现，这个环境似乎并没有想象中那么糟糕。

乔丽是报社的一名记者，最近接到了一份特殊的采访任务。拿到被采访者的资料时不禁有些难过，这真是一个可怜的女人！丈夫早些年得重病去世了，欠下了大笔的债务，家里有两个孩子，其中一个还带有残疾。女人在一家小型工厂里当女工，微薄的薪水不仅需要养着整个家还要还债。乔丽一下午都坐在家里想：不知道她家里是什么样子。也许女人和孩子都蓬头垢面，满脸悲苦，又黑又潮的小屋里没有一点鲜活的色彩，

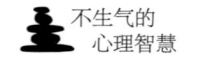

自己去了只会听到不停歇的哭诉。

那个周末，乔丽满怀同情按着地址找到了那个女人的住处。当她站在门口时，有些不敢相信自己的眼睛，甚至怀疑自己找错了地方，于是向女主人核实了一遍。确认无误之后，她重新打量这个家：整个屋子干干净净，有用纸做的漂亮门帘，墙上还贴着孩子的奖状，灶台上只放着油盐两种调味品，但罐子却是干干净净，女人脸上的笑容就像她的房间一样明朗。乔丽坐到垫着报纸的凳子上，热情的女人为她拿来了拖鞋，鞋居然是用旧的解放鞋的鞋底做的，再用旧毛线织出的带有美丽图案的鞋帮。

当女人也一起坐下来时，乔丽不禁有些好奇地问女人是怎么把这个家打理得这样舒适的，女人一边干着活，一边微笑着说："家里的冰箱、洗衣机都是隔壁邻居淘汰的，其实用得也蛮好的；工厂里的老板、同事都很照顾我，还会让自己把饭菜带回来给孩子吃；孩子也很懂事，做完功课了还会帮忙干家务活……"

乔丽听着听着，眼睛有些湿润感叹道："虽然你面临的环境是糟糕的，但是你的心境并不糟糕。"这不是一种同情，而是一种赞叹，赞叹女人的坚强，更赞叹女人的乐观。

可能在常人看来，女人的环境是相当糟糕的，可是拥有积极乐观心态的女人却用自己微薄的薪水打理出了一个干净而温馨的家。或许在生活中，常常会发生许多不如意的事情，不管我们接不接受，它都会不期而至。既然不能改变糟糕的环境，不如调整自己的心境，改变那些能改变的，接受那些不能改变的。总是怀着乐观的心态面对生活时，你会惊讶地发现，事情并没有想象的那么糟糕，无论多大的困难与挫折，都不足以毁灭心中的希望。只要心中有梦，就会发现世界竟是那么美好，生活处处充满了阳光。

越是给自己强加压力，越容易有怒气

一位公司白领说："最近工作压力大，感觉自己脾气也越来越大，老想发火，尤其是每天回家坐地铁挤死了，每次都会与站在身边的人发生冲突。我也不想这样，但是那些怒气就是忍不住往外窜。"我们常常发现一些容易生气的人有：为生计奔波的小贩、外企工作的白领精英、小有成就的私企老板等。从表面上看并没有共同点，可仔细观察就会发现，他们身上都有一个显著的特点：压力比较大。无论是生存压力还是工作压力，对一个人的情绪都有着重要的影响，一旦压力来袭，情绪就会恶劣，容易生气、烦躁，似乎看什么事情都不顺眼。内心的情绪积压过久，总想痛快地发泄一番。因此给自己压力越多的人，心中的"怨气"往往越多。

社会调查发现：那些生活、工作条件良好，受过较高程度教育的城市人，对生活的满意度远远不如农村人，来自生活和工作的压力让他们的生活质量大打折扣。近年来，城市人的脾气似乎越来越大，常常感觉到紧张、焦虑、容易愤怒，甚至在悲观时有用自杀的方式解脱压力的念头。这项调查还显示，同农村人相比，城市人的工作体力强度、时间都较少，而且更注重健康的生活方式，可城市人的精神状况却显著差于农村人。个人工作稳定、收入有保障被列为城市人平日最关心的问题之一，对工作的极度关注使得许多城市人明显感到工作压力影响到了个人健康。另外，城市的快速发展和工作的快节奏也让许多城市人觉得自己有点力不从心，60%左右的城市人对自己的工作状况并不满意，来自家庭以及婚姻的压力也让他们焦头烂额。

最近小月代表公司接待了一个大客户，第一次见面会谈，小月就感觉这个客户太挑剔，不仅要求策划案完全按照他们的思路，还要求每一个细节都必须到位。回到公司，小月忍不住向老板抱怨："这个客户太挑剔了，一个企划案竟有那么多的要求。"老板收起了笑容板着脸说："小月，你总是嫌这个客户不行，那个客户不行，这怎么能谈成业务？这一次你务必要拿下这个大客户，否则就直接到销售部报到吧。"说完老板头也不回地走了，留下愁容满面的小月。

按照客户的要求，小月拟写了企划案，而且检查了三遍才交给客户。谁料在会谈中客户表示："这里还有几个小问题，你需要改改，为了美观最好重新写一份。"小月呆住了，重新写一份？这个方案可是自己花了一个星期拟写的，客户似乎看出了小月的心思说道："不好意思，不过可以宽限时间，再等你一个星期。"告别了客户，小月几乎是发了一路的飙。遇到一个出租车司机，因为司机没有听清楚小月报的地址，小月十分生气地说："你的耳朵干什么用的？老娘今天真是倒霉，遇到你这样一个傻司机。"司机没有吱声，似乎已经习惯了这样的乘客。就连进入公司大楼前，门口的保安多看了小月一眼，小月也毫不客气地说："看什么看，不认识啊。"小月明显感到心中有个东西在不断膨胀，眼看就快要爆炸了。

我们每天都面临着诸多压力，有可能是事业不顺造成的工作压力，有可能是感情不顺造成的感情压力，还有可能是家庭不和谐造成的家庭压力，心理学家把这些压力统称为"社会压力"。社会压力对一个人来说直接转换成心理压力、思想负担，久而久之就会成为心结。如果这种压力长久得不到有效释放，就会越积越多并产生出巨大的能量，最终像火山一样爆发，导致人的情绪大变，总感觉自己活得太累，每天都不开心，脾气越来越坏，严重者会精神崩溃，做出傻事。面对巨大的社会和心理压力，最重要的缓解手段是自我调节、自我释放，当然，合理而适度的压力并不是一件坏事。

对人来说，对待压力应该学习高压锅原理，压力不够时就聚集压力，让压力变成"煮饭"的动力；压力过高时就自动释放压力，自然不会造成伤害。那么，如何缓解社会压力和心理

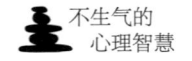

压力呢？

1.养成良好的作息习惯，保证睡眠质量

在平常生活中，我们需要养成按时入睡和起床的良好习惯。稳定的睡眠，可以避免引起大脑皮层细胞的过度疲劳；注意调节卧室里的温度，睡眠环境的温度要适中；卧室可以使用一些柔和的色彩搭配。这样我们就能在一个良好的环境中放松心情，顺利进入睡眠，保证较高的睡眠质量。

2.放松精神，舒缓压力

我们需要缓解自身的压力，在睡前可以适量地运动，听听音乐，或者通过按摩来缓解压力。比如短距离散步、在睡觉前播放一些轻柔的乐曲、按摩头部、面部、耳后、脖子等部位，这样都会使身心完全放松，缓解白天的精神压力。

3.给自己的压力要适当

心理学家建议：适当的压力有助于激发更强的斗志，但是任何事情都有一定的度，压力过大就会影响到正常的情绪。因此在日常生活中，要给自己适当的压力，只要不是太严重的事情，就应该尝试忘记，这样一来，那些琐碎的小事就影响不到我们了。

适时开怀大笑，赶走所有火气

心理学家说："健康的开怀大笑是消除精神压力的最佳方

法之一，同时也是一种愉快的发泄方式。"压力来临或遇到了烦心事时，我们应该忘记心中的忧虑，开怀大笑，败一败自己的火气。笑完了，心中的怒气也就消失了，愤怒的情绪也回归到了正常状态。常说"笑一笑，十年少"，西方也流传着一句谚语："开怀大笑是一剂良药。"笑对一个人身心的益处，得到了中西方医学专家的普遍认可。美国心理学家史蒂夫·威尔逊是"世界欢笑旅行"组织的创始人，他这样阐述笑："笑很简单，它是人类与生俱来的本领；笑也很复杂，蕴含着许多人们可能从来没听说过的学问。"威尔逊对笑开展了多年的研究，号召人们用笑赶走烦恼、焦虑。因此当心中的无名火涌起时，尽情地大笑吧，这样会助你调节情绪、平复心境。

芬兰科学家通过多项实验和调查发现，人一生下来就会笑。简单地说，人可能不需要学习就会发出笑声，刚出生的孩子会在睡梦中微笑。而诸如悲伤、烦恼等负面情绪以及愤怒、哭泣等行为，则需要通过亲身体验、慢慢学习而来。相对于心中忧虑而引起的皱眉来说，笑调动的肌肉数量更少，用力也要小一些。那么既然绽放笑容如此简单，为什么不少一点烦恼、愤怒，而多一些开心的笑呢？有一位智者很喜欢大笑，而且通常是在愤怒时大笑，弟子感到不解："既然这么生气，为什么还选择笑呢？"智者回答："因为大笑可以帮我赶走内心的怒气，即使我强迫自己大笑，也能够达到这样的作用。既然笑能有这样的作用，我又何苦选择生气呢？"

卢刚大学毕业后进入了一家大公司，虽然拿着名牌大学的毕业证，却在办公室里当起了一名普通的文员。这令卢刚十分苦恼，心中常常愤愤不平。而且由于卢刚不太善于表现自己，内心有着强烈的自卑感，使得才能无法施展开。工作一段时间后，卢刚觉得生活压力越来越大，浑身没有精神，莫名其妙地失眠。他察觉到自己的心理有了问题，在一个星期天走进了一家心理咨询中心。卢刚向医生倾诉了心中的苦闷，不过医生并没有给任何劝导，而是提出了一个小小的要求："每天早晨起床后，什么都不要干，先对着镜子里的自己笑一下。在一天的工作中，如果感到苦闷了，就找个安静的地方开怀大笑。"卢刚半信半疑，但还是照心理医生的话去做了。

一个星期过去了，卢刚又去了医院，医生问他："感觉怎么样？情况是否有改变？"卢刚感慨地说："真没想到，这个办法真的很灵验。"刚开始照镜子的时候，卢刚被自己的样子吓了一跳：眉头紧皱，满脸沮丧，活脱脱一张苦瓜脸。虽然以前也会对着镜子剃须、洗脸，可那时都是面无表情的，他突然意识到自己好久没有认真地审视过自己了。想着以前自己是一个快乐的小男孩，以前也是喜欢笑的。可是现在他对自己微笑时，却发现笑容变得十分僵硬。后来卢刚开始每天对着镜子里的自己笑，他在镜子里看到了以前快乐的自己，感到浑身的力量也回来了。

卢刚有些疑惑地问医生："这是什么道理呢？"医生笑

着说:"笑赶走了你内心的怨气和忧虑,为你带来了自信和快乐,因此你的生活和工作都有了较大的改变。"听了医生的话,卢刚恍然大悟。从那以后,在办公室里同事们经常能听到卢刚那爽朗的笑声。

现代人笑得越来越少了。要想做到笑口常开,就需要自己有意识地做一些努力。我们可以试着培养一些习惯:每天起来,对着镜子给自己一个笑容;遇到擦肩而过的行人,尽量给对方一个笑容;如果平时不怎么喜欢笑,可以多看一些喜剧电影或笑话,强迫自己笑,慢慢地笑就会变成一种习惯。

美国马里兰大学医学教授迈克尔·米勒教授说:"大笑可以提高内啡肽水平,强化免疫系统,增加血管中的氧气含量。"有关心理专家认为,健康的开怀大笑有六个好处:

1.燃烧卡路里,帮助保持身材

德国研究人员发现,大笑10~15分钟可以增加能量的消耗,因为它不仅可以使人心跳加速,还燃烧人体一定能量的卡路里,所以大笑是保持身材苗条的最佳方式。

2.增加自身免疫力

大笑能够使一个人体内的白血球增加,促进体内的抗体循环,这些都能增强免疫能力、对抗病菌。同时大笑还有助于改善血液循环,加快新陈代谢,使人更加有活力。

3.减少心脏病发生的几率

科学家通过研究显示,那些喜欢大笑的人患心血管疾病的几率比较低，因为笑能够使血液循环更好，血液的流通则可以有效避免有害物质的积聚，这样就减少了对血管的威胁。因此，笑可以使一个人的心脏更强壮。

4.能够为你带来好运气

一个喜欢笑的人，运气一定不会太差。因为笑容可以让一个人看起来更有魅力、更有自信，同时还能够促进自我价值感的上升，有助于克服困难。

5.笑是特效止痛剂

笑容是最自然、最不具副作用的止痛剂。当一个人大笑的时候，脑中的快乐激素——内啡肽就会释出，这能够缓解人体的各种疼痛。因此，一些患病的人可以经常微笑，因为这可以减轻病情。

6.能够赶走压力，消除负面情绪

当一个人大笑的时候，身体会立即释放内啡肽，从而赶走压力，驱走内心的负面情绪。即使强迫自己大笑，也会产生同样的效果。

当然，我们需要的是健康的开怀大笑，这必须要有一些前提条件。例如，高血压患者应该尽量避免大笑，否则会引起血压上升、脑溢血等；正处于恢复期的患者也要避免大笑，因为这有可能使病情发作；当一个人在吃东西或饮水的时候也不要大笑，以免食物和水进入气管导致剧烈咳嗽，甚至是窒息。当上述阻碍都不存在的情况下，自己有了巨大的心理压力或者内心郁积着负面情绪时，不要跟自己较劲，选择健康地开怀大笑吧！

学会释放心理压力，不要动不动就生气

一位朋友这些天正在学习弹琴，由于基本功不太扎实，练起琴来很费力，尽管付出了许多汗水，可就是不见效果。他心里又极度渴望自己在琴技方面能够有所突破，于是每天强迫自己练琴四个小时。时间长了，他变得非常焦虑，从心理上就把练琴当成了一种压力。他常常焦急地问老师："我是不是练不好了？""我还能行吗？""怎么这么练也不见效果，我干脆还是不练习了吧！""难道就这样放弃了吗？"老师听了只是微微一笑说："你不要自己到处惹气生，放松自己，缓解心中的压力，卸下心理负担。心情好了，琴艺自然会进步。"不久后，朋友的琴艺真的进步了，而之前弥漫在脸上的阴霾也消失得无影无踪。

如果把任何事情都当成一种负担，就有可能让生活处在压力、痛苦、烦躁和苦闷之中。如果把一件事情仅仅当成一种习惯，就能让一个人在潜移默化、不知不觉中成为自己梦想的那个人。一个人若是背着负担走路，再平坦的路也会感到身心疲惫，最终因为不堪生活的压力而走向不归路。可如果我们能平复心境，试着把那些沉重的负担当成一种习惯，用轻松、淡然的心态去看待问题，心境便会变得澄明，所有的压力便会缓

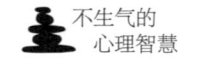

解，负担也许会变成一种精神上的享受。

小伟是一个上班族，最近他感觉到自己似乎陷入了"情绪周期"中。从周一到周末，自己的情绪都处于一个相当不安稳的状态，满是烦躁、苦闷，他也不知道自己是怎么了。

周一，小伟就尽力克制自己不想起床的欲望，躺在床上就想，今天又要开会，又要接受新的工作任务，还要总结上周的工作。如果自己的上周工作中出了小差错，星期一就感觉格外有压力。有时候在路上碰到堵车、行人横穿马路等情况，小伟都忍不住怒骂两声，似乎这样可以消减一下内心的苦闷。

小伟觉得周一可能是一个过渡时间，可到了周二，自己就必须面对现实和工作了。面对繁重的工作，小伟常常感到焦头烂额，有时候还不得不牺牲午休时间以抓紧时间工作。

每到周三这一天，小伟都是冷着一张脸，陷入了情绪最低沉的状态。似乎早把上个周末与女朋友一起玩乐的高兴忘得一干二净。想到离周末还有漫长的两天，瞬间感觉心沉入了谷底。

或许由于前几天的累积，周四一天的坏情绪达到了巅峰，不仅工作效率低，还感觉到十分疲惫。小伟感觉到这几天积累的坏脾气，几乎都要在这一天爆发了。如果在这一天受到了主管的责骂，小伟一点也不感觉奇怪，似乎每个人都喜欢在这一天发脾气。

小伟觉得对自己来说，可能周五是轻松的一天，想到周末马上就来了，工作效率也变得很高，心情变得十分轻松愉快。即使是面对同事的一些挖苦和玩笑，也能"大度"地不予计较。

周末，小伟通常的时间安排是：周六疯狂地玩一天，周日休息。可是在周日，小伟的情绪又陷入了焦虑和烦躁中，一想到下周的工作，心情就越来越烦躁，甚至到了晚上还会失眠。对此，小伟想大喊一声：周而复始的时间啊，怎么就不能给自己一份好心情呢？

小伟只是无数上班族中的一个代表，越来越多的上班族意识到自己正在陷入"情绪周期"中。在一周的时间里，他们的情绪变化与小伟没有两样。即使有时候，他们明白生气不能解决任何问题，可在内心的压力下就是忍不住，情绪的时好时坏已经严重地影响到正常的生活和工作。对此，心理学家提供以下方式，帮助我们放松自己，缓解心理压力。

1.星期一综合征

越来越多的人陷入了"星期一综合征"，早上一起床，就感到了厌烦、懒惰、健忘、精力不集中等状态。德国的相关调查得出了一个结论：80%的人在周一起床后会情绪低落。因为许多公司习惯于将重要的决断和新的工作计划安排在星期一，这在一定程度上给上班族带来了巨大的压力感。对此，心理学家建议：想让自己不再抗拒上班，早起比较重要，因为紧张感和时间有密切的关系，早起可以获得充裕的时间，不仅能减少内心的焦虑感，还能有时间去吃一份减压的早餐，比如一大杯鲜奶、一个鸡蛋、一片牛肉、一根香蕉，这可以让人产生一种满足感和轻松感。

2.有效的意象训练

对许多人来说，周一可能还没有正式进入工作状态，但是周二就不得不面对现实了。最近的一项研究显示：周二上午10点是一周中工作压力的最大峰值，人们感到焦头烂额。而且许多人在这一天会放弃午休时间工作。对此，心理学家建议：在压力最大的时候可以做一个意象训练，找一个比较安静的地方，闭上眼睛，做深呼吸，想象自己正在乘坐电梯，慢慢开始数楼层，可以有效地缓解心理上的压力，平复情绪。

3.微笑

心理学家证实了这样一个猜想：周三是一周中情绪最低点，也是接受信息最多、感觉负担最重的时刻。在这一天，最有效缓解压力的办法就是微笑，想办法让自己笑，如看看笑话、回忆过去美好的事情。这些都能够帮助自己平复内心烦躁不安的情绪，调整心理状态，尽快回归到一种正常的情绪中。

4."黎明前的黑暗"

有人将周四称为"黎明前的黑暗"，这一天不仅是工作效率最低的一天，也是人们疲惫感最强、心情最烦躁的一天。似乎前几天积累的坏脾气都要在这一天爆发，人们总是感觉什么都不对劲，环境特别杂乱，身边的人特别烦，一切都让人透不过气来。心理学家建议：为了驱赶黑暗，应该将灯光调到最亮，这会让人的心情变得平稳、快乐。

5."周末上班焦虑症"

许多人在周末快要结束时，就会陷入对下周工作的焦虑中，结果越想越烦躁。对此，心理学家建议：可以给大脑设一个开关，该休息的时候就休息，该工作的时候就要全力以赴，不要提前去想下周的事情。如果实在不放心，可以在周末拿出一个小时想想下周的工作计划，这样焦虑的心就会平静下来。

第六章
失败了不生气，尽快调整自我，转败为胜

生活中，我们常常为一些不必要的事情而生气，有时遭遇了不可避免的挫折，内心的怒火比失望的情绪更大。有这样一句名言："请享受无法回避的痛苦，比别人更早、更勤奋地努力，才能尝到成功的滋味。"面对挫折与失败，心中或许有气，但是生气又能如何呢？即使生气了，成功也不会降临，不妨扫去挫折的"败气"，为自己打开成功之门。

欲成大事，必先锻炼自己的耐挫力

有人说："挫折就像一块石头，对弱者来说，它是一块绊脚石，让你止步不前；对强者来说，它是一块垫脚石，让你看得更远。"一个人如果经不起挫折，受不了历练，只沉浸在挫折带来的痛苦中，心中除了怨气还是怨气，永远没有前进的方向也没有进步。对我们来说，挫折并不完全是一件坏事，在经受挫折的过程中，不仅锻炼了我们的受挫忍耐力，从挫折中吸取的教训也将成为我们迈向成功的垫脚石。许多人在面对挫折时，总表现得怨愤难平，似乎自己的遭遇总是不公平的，而且习惯于抱怨他人、抱怨上天，却从来不思考自己能去做点什么。一个想成大事的人，首先应该锻炼自己的受挫忍耐力，而不是被"败气"吞噬。

哲人说："挫折造就生活。"成大事者必须经得起挫折的历练、失败的打击，因为成功是需要风雨的洗礼的。一个有追求、有抱负的人，总是视挫折为动力，甚至把挫折视为成功的一块跳板。他们从来不抱怨挫折，也从来不会埋怨别人，因为他们明白，挫折是人生的一门必修课，自己是否能顺利毕业，实则源于内心忍耐力的强弱。挫折并不是不可战胜的，所以即使遭遇了挫折，也没有必要怨天尤人，抱怨只会无限扩大挫折的破坏性。我们需要做的就是不要畏惧，直面挫折，将所有"怨气""败气"都吞到肚子里，将每一次挫折都看作是上天的一次考验。只要心中怀着必胜的信念并积极努力，就一定能战胜挫折，从而赢得成功。

有一天，一头驴遭遇了人生的"大挫折"，它不小心掉进了一口枯井里。虽然它的主人很想救它，但是那位农夫犹豫了很久，驴还在枯井里痛苦地哀嚎着，心中的绝望大于愤怒，自己难道就要被埋葬于此吗？

最后主人决定放弃了，心想反正这头驴年纪也大了，不值得大费周章地把它救出来，可无论如何，还是要将这口枯井填起来，以免其他动物掉进去。于是主人请来了左邻右舍，一起帮忙将枯井填满，同时也免去驴的痛苦。主人和邻居们手拿铲子开始将泥土铲进枯井中。

那头驴很快了解到自己的处境，心里满是怨恨，心中的愤怒大于绝望：主人怎么可以这样对我呢？它忍不住流下眼泪，不断地在枯井里发出痛苦的嘶叫声，似乎在向上天诉说自己的悲惨命运。但是没过多久这头驴就安静了下来，它不再生气，也不再悲伤。

主人好奇地往井底一看，眼前的景象令他大吃一惊：当铲进枯井里的泥土落在驴身上时，驴将泥土抖落在一旁，再站到铲进的泥土堆上。很快那头驴便重新出现在主人的眼前，邻居们都惊讶地捂住了自己的嘴巴。

美国著名思想家、诗人爱默生说："困难，是动摇者和懦夫掉队回头的便桥，也是勇敢者前进的踏脚石。"当困难与挫折来临时，事实已经无法改变，这时候最重要的就是以积极冷静的心态面对。刚开始那头驴又是愤怒又是绝望，不断在枯井里发出痛苦的嘶叫声，但是事实改变了吗？驴的处境不仅没有丝毫改变，似乎还变得更糟，眼看就要被埋掉了。在极度绝望之下，它安静了下来。情绪平复之后，驴竟然发现了一个解决困境的好办法：踏着那些将要淹没自己的泥土，一点一点地站起来，最后它终于站在了井口处。如果这时候回想自己之前的表现，它肯定也会觉得：挫折并不算什么。有多少挫折就需要有多大的忍耐力，如此才会收获更多的丰硕果实。

一位少年自认为看破了红尘，放下了一切，历经千辛万苦找到了隐藏在深山里的寺院，他求见方丈要求出家，认为自己只有在这里才能真正地洗去城市的繁华与浮躁。方丈仔细打量着少年问道："做和尚要独守孤灯，终身不娶，你能做到吗？"少年坚定地回答："能。"方丈又问："做和尚要每日三餐粗茶淡饭，粗衣薄褂，夏热冬寒，你能忍受得了吗？"少年回答："能。"方丈又问："做和尚要无欲无求、无怨

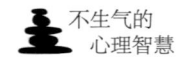

无恨,不问恩情,不记仇恨,什么时候都要心如明镜,不染尘埃,你能做到吗?"少年斩钉截铁地说:"能。"方丈又问了一些关于佛法的问题,少年都能给出很好的回答。方丈却拒绝了少年出家的请求,把少年送下了山。临走时方丈留下了这样一句话:"未曾拿起莫谈放下,当你真正拿起时,再回来告诉我,还能不能放得下。"

真正地放下一切,应该是"无欲无求、无怨无恨,不问恩情,不记仇恨,任何时候都要心如明镜,不染尘埃",而这一切需要强大的受挫忍耐力。没有真正地经历过挫折,自然就没有足够的忍挫力。挫折一旦降临,少年便冲动地想要逃避整个世界,他的心中其实还有怨气和"败气",所以他的请求遭到了方丈的拒绝。只有真正经历了挫折的人,才能放眼望世界,深入了解人生,才有可能成就大事。

在磨难中塑造自己,使自己焕然一新

我国台湾著名美学大师蒋勋曾写道:"每个人完成自我,才是心灵的自由状态;每一个人按照自己想要的样子完成自己,那就是美,完全没有相对性。天地之下可以无所不美,因为每个人都会发现自己存在的特殊性。大自然中从来不会有一朵花去模仿另一朵花,每一朵花对自己存在的状态都非常有自信。"面对人生道路中的磨难,有的人选择了"枯萎",

因为他们认为自己注定是失败的；有的人却选择了完美地释放，因为他们坚信自己是最美的。磨难是不能避免的，它是客观存在的，既然早已经存在，我们又何必生气、抱怨呢？它来了我们就迎难而上，在磨难中提高自己，重塑更加完美的自己。然而很多人在面对磨难时，心底会传出这样的声音：我战胜不了。在消极情绪的主导下，磨难还没有开始就主动放弃了，也就错过了完美蜕变为的最后机会。

丹麦著名神学家、哲学家齐克果说："一旦自我设限，且认定自己就是什么样的人时，他就是在否定自己，甚至不会挑战自我，只想任由自己一直如此下去，而这终将导致自我毁灭。"磨难是上天给我们的考验，不是最终的归宿，只是一座人生修炼的高等学府，你是否能从这里毕业，意味着你人生的成败，更何况磨难带给你的比它本身更有意义。人生是一个不断完善的过程，就像小茧一点点褪去衣衫，蜕变为美丽的蝴蝶。经历了磨难，人将变得更加完美，同时也更接近成功。面对磨难，不要自暴自弃，不要灰心丧气，不要生气，勇敢向前，你会发现磨难将会成为人生中最珍贵的回忆。

1921年夏天，年近39岁的富兰克林·罗斯福在海中游泳时突然双腿麻痹，经过诊断是脊髓灰质炎。这时他已经是美国政府的参议员了，是政坛上的热门人物。面对疾病的打击，他有些心灰意冷，打算退隐回到家乡。刚开始他一点都不想动，

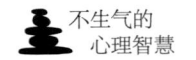

每天只想坐在轮椅上,但是讨厌别人把他抬上抬下。于是到了晚上,他就一个人偷偷地练习怎么上楼梯。经过一段时间的练习,一天他得意地告诉家人:"我发明了一种上楼梯的方法,表演给你们看看。"他先用手臂的力量支撑起自己的身体,慢慢挪到台阶上,再把双腿拖上去,就这样一个台阶一个台阶艰难地爬上了楼梯。母亲阻止儿子说:"你这样在地上拖来拖去,让别人看见了多难看。"富兰克林·罗斯福却断然地说:"我必须面对自己的耻辱和磨难。"

历史向我们证明,磨难对富兰克林·罗斯福来说,并没有成为其人生成功的阻碍,甚至它在一定程度上帮助罗斯福成为了美国历史上最伟大的总统。因为磨难,罗斯福更加坚定了自己的人生追求,加快了前进的步伐,最后他成功了。当磨难降临时,有的人立即就产生了"败气",开始逃避,挑战还没有真正开始就被打倒了。每一次磨难都是一次人生历练,强者容易变得坚强,弱者容易变得软弱,想做一个完美的强者,就要不断地完善自己,克制内心沮丧、愤怒的情绪,勇敢地前行。

格连·康宁罕是美国历史上前所未有的长跑选手。在他8岁时,双腿在一场爆炸事故中严重受伤,几乎没有一块完整的肌肤。医生断言:"你此生再也无法行走。"父母满脸悲伤,康宁罕却没有哭泣而是大声宣誓:"我一定要站起来!"在病床上躺了两个月之后,康宁罕便尝试着下床。为了不让父母伤

第六章 失败了不生气，尽快调整自我，转败为胜

心，他总是背着父母，拄着父母为自己做的小拐杖在房间里慢慢挪动，钻心的疼痛让他一次次摔倒，跌得浑身是伤，但他并不在乎而是咬着牙挣扎着站起来。他坚信自己一定可以重新站起来，重新走路甚至奔跑。经过几个月痛苦的练习，康宁罕的两条腿可以慢慢地屈伸了，他在心底为自己欢呼："我站起来了！我站起来了！"

在医院里，康宁罕想起了离家两英里的一个湖泊，怀念那里的蓝天和小伙伴，他想再次走到湖泊与小伙伴一起玩耍。因为这样一个美好的心愿，康宁罕更加坚强地锻炼着。两年以后，康宁罕凭借着自己的坚韧和毅力走到了湖泊边。之后他又开始练习跑步，把农场上的牛马作为追逐的对象，几年如一日，从来没有放弃过。最后他的双腿奇迹般地强壮了起来，他不断地挑战自己，并成为美国历史上著名的长跑运动员。

或许康宁罕的身体是残缺的，他的心灵却是异常完美的。即使遭受了很大的磨难，他依然以健康、乐观积极的心态面对。曾听说过这样一个故事：一位刚刚毕业的大学生在一次体检中被检查出是乙肝病毒携带者，因为这张诊断书，她的求职接连被几家公司拒绝。得到这个消息时她就往墙上撞去，幸好护士及时拉住了她的衣服。尽管医生告诉她这没有任何危险，但是在复查过程中，她的情绪变得十分恶劣，动不动就发脾气，似乎自己求职失败是其他人的过错。磨难虽然来

得无声无息，它却在悄悄考验着我们的毅力和坚韧，如果能够顽强抗争，就将重新给以幸福的方向，自己也将变得更加完美。

在挫折中"休养生息"，获得即时能量

俗话说："高处不胜寒。"对许多人来说，在低处才能更好地"休养生息"。在生活中，有的人见不得自己吃亏，一受到不公平的待遇，内心的怨气就往上冲，但生活需要忍耐，这并不是对命运的屈服，而是成功的一种铺垫和积累。处于人生最低谷时，不要灰心，不要抱怨，就把它当作"休养生息"吧，保存自己的实力，蓄积待发。

智者懂得这样一个道理：人生得意时，欣赏高处的风景；失意时休养生息。因此，我们有时候要学会弯腰，懂得吃眼前亏，不要伤了自己的元气，即使内心有许多无奈，也请勿抱怨，平心静气地修炼自己。凡事以平静的心态面对，你认为自己吃亏的时候，说不定是一桩一本万利的生意呢？失意时不争执、不抱怨，从表面上看好像是一种损失，从长远来看却是一种智慧。"高处不胜寒"，只有在"低处"蓄积了足够的能量，才能迎难而上，获得成功。

在2005年胡润富豪榜中，太平洋建设集团董事局主席严介和以125亿元的资产位列中国内地富豪榜第二位。虽然今天的

第六章 失败了不生气，尽快调整自我，转败为胜

他如此成功，可在发迹之前，也曾经历过人生的最低谷。

1992年，严介和租赁了一家濒临破产的建筑公司。当时公司接到的第一个任务是一个被承包商转包五次的建筑工程。严介评估了对那项工程进行了评估，如果自己接下这项工程，至少得亏损5万元，这完全是一个没人愿意接的工程，所以才会落入自己的手中，接还是不接呢？他陷入了沉思：现在自己一点名气都没有，若是与对方理论，不仅丢了业务，还会得罪客户。更何况自己没有后台也没有任何关系，而建筑业又是一个有着错综复杂关系的圈子，自己暂时只能得到这样的业务，不如做好这笔业务，保存自己的实力，算是"不伤元气"又建立名气吧。

再三思量后，严介和决定接下这项工程。工程完成之后，验收部门不相信这样的亏本工程会有好的质量。可检测结果令人瞠目结舌，所有指标皆优。同行表示不理解："你怎么做亏损生意呢？"他笑着说："我这算是在'休养生息'阶段吧。"虽然这项工程让他亏损了8万元，但良好的质量却为他赢来了一笔又一笔的业务。

印度的孟买佛学院是世界上最著名的佛学院之一，这个学院历史悠久，培养出了许多著名学者。据说孟买学院有一个特色是别的佛学院没有的，那就是在大门的一侧又开了一个仅有1.5米高，0.4米宽的大门，所有的人都只能放低姿态，弯腰通过。一些初到学院的人十分不解，但是他们后来都承认正是

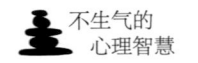

这个小小的特色让自己受益无穷。人生的旅途，有高峰也有低谷，所有的人都想站在高峰欣赏风景，但是若没有低谷，如何能够休养生息、保存实力呢？又如何能拥有站在高处的实力呢？如果你觉得现在的生活处境很糟糕，总是受人排挤，不要生气，不要怨天尤人，学会忍耐，休养生息，好好地磨炼自己吧！

阿伟大学毕业后，为了锻炼自己的能力、积累社会经验，他选择了从事业务方面的工作。在公司，他担任的职位是业务助理，就是协助业务经理开展工作。有个业务经理刚来不久，脾气很大。而且据阿伟观察，他的业务能力很差，几乎都是依靠底下的业务员拿业绩。而且业务经理心胸狭隘，一点也不尊重人，总是以一副盛气凌人的口吻与下属讲话。有时候阿伟在工作中不小心出了错，经理也不会顾及他的颜面，当众把他训斥一顿。

面对这样的经理，阿伟心里也很窝火，因为自己经常是被训斥的对象。但是他没有抱怨，反而始终赔着笑脸，因为他心里很清楚，摆在自己面前的只有两个选择：要么和他大吵一架，然后走人；要么就是忍辱负重、休养生息，等待时机。聪明的他选择了后者。半年以后，公司高层发现了业务经理的问题。通过讨论，公司认为他不适合担任业务经理，就找了个理由把他辞退了。而阿伟因为一直表现不错，被公司任命为业务经理。他终于有了施展才华的舞台，业务很快开展，并为公司创造了很大的经济效益,从而赢得了公司上上下下的认可。过了几年,阿伟被提拔为主管业务的副总经理,过上了有房有车的生活。每当谈起这一切,阿伟就感慨地说:"能有今天,就是因为我当初懂得在低处"休养生息",而没有意气用事啊!"

在生活中,我们难免会遇到一些坎坷、挫折和不尽如人意的事情,这个时候千万不要任由心中的怨气乱窜,平复激愤的情绪,以一份从容的心态去面对眼前的境遇,这才是审时度势、大智若愚的胸怀。处于低谷时,不要灰心丧气,只要没有丧失志向,懂得休养生息,就一定有东山再起的机会。

失败了别生气,保持清醒获得经验教训

悲观主义哲学家说:"人在出生时之所以哇哇大哭,是因为预知到生命必然充满痛苦,迎接新生命到来的成人之所以满心欢喜,是因为又多了一个人来分担生活的苦难。"人生旅途中的苦与乐,都是自己内心的感受。诸如挫折、失败,或许在遭遇时会感到痛苦、生气,甚至埋怨上天的不公平,可正因为有了挫折与失败,我们才会变得更加坚强、勇敢。面对失败,有的人会生气、抱怨:为什么别人能够如此轻易地获得成功,自己却总是失败呢?上天对自己太不公平了。可是你想过没有,生气只是一种情绪表现,既不能为你挽救错误,

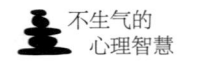

还有可能成为你走向成功之路的绊脚石,因为生气的情绪会阻碍一个人冷静地思考。因此,即使失败了也不要生气,不妨开心地接受它,汲取其中的经验教训,这样才有可能赢得成功。

罗斯福在参选总统之前被诊断出了"腿部麻痹症",医生对他说:"你可能会丧失行走的能力。"听了医生的话,罗斯福没有沮丧反而微笑着说:"我不仅要走路,还要走进白宫。"罗斯福最终走进了白宫,成为美国最伟大的总统之一。对一个真正的强者来说,人生的一点小挫折、小失败并不算什么。有的人一遭遇不幸或失败,就瘫坐在地上捶胸顿足,似乎在向上天发泄心中的怒气,可是这样生气又有什么用呢?不幸还是不幸,失败还是失败,那些既成的事实一点都没有改变。如果想要改变失败造成的现状,唯一也是最有效的办法是接受失败,从失败中吸取教训,为成功做好准备,否则就会永远被定义为"失败者"。

大山里有一个可怜的男孩,在他10岁时母亲就因病去世了。父亲是一个长途汽车司机,长年累月不在家,没有办法照顾他,小男孩就学会了自己洗衣、做饭,照顾自己。然而上天似乎并没有过多地眷顾他,在男孩17岁时,父亲在工作中因车祸丧生。在这个世界上,男孩没有人能够依靠了。

对男孩来说,人生的噩梦远远没有结束。男孩走出了失去父亲的悲伤,开始外出打工独立养活自己。不料在一次工程事故中,失去了自己的左腿。尽管惨遭如此挫折,可男孩并不抱怨也没有生气,苦难铸就了他坚强的性格。面对随之而来的不便,男孩学会了使用拐杖,有时候不小心摔倒了,也不会请求别人的帮忙而是坚强地站起来。与此同时他还从事着一份简单的工作。

几年过去了,男孩算了算自己的所有积蓄,正好可以开个养殖场。于是他开了一个养殖场。可老天似乎真的存心与他过不去,一场突如其来的大火将男孩新的希望毁灭了。男孩忍无可忍,气愤地来到神殿前责问上帝:"你为什么对我这样不公平?"听到男孩的责骂,上帝一脸平静地问:"哪里不公平呢?"男孩将自己人生的不幸一五一十地说给上帝听。听了男孩的遭遇,上帝说道:"原来是这样,的确很悲惨,上天对你太不公平了,你干嘛还要活下去呢?"男孩觉得上帝在嘲笑自己,气得浑身颤抖地说:"我不会死的,经历了这么多不幸,已经没有什么能让我害怕。总有一天我会凭借自己的力量创造出属于自己的幸福。"上帝笑了温和地对男孩说:"有一个人比你幸运得多,一路顺风顺水地走过了生命的大半部分,可是他最后遭遇了一次失败,失去了所有的财富,他绝望地选择了自杀,你却坚强地活了下来。"

人生的不幸历练着男孩坚强的性格,生活的失败铸就着男孩积极乐观的个性。遭遇事业的又一次失败后,男孩终于忍不住责问上帝为什么对自己这样不公平?这样的行为似乎在大多数失败者身上都能看到,每每遇到不如意,他们总是质问上天:"为什么我总是不幸的?为什么对我这样不公平?"在上帝的启发下男孩明白了。即使失去了所有他也没有退缩,或许真的就如自己说,总有一天他会凭借着自己的力量创造出属于自己的幸福。

关于著名女性化妆品公司玫琳凯公司的创始人玫琳凯女士,有这样一个故事:

小时候妈妈总是这样勉励玫琳凯:"你能做到,玫琳凯,你一定能做到。"对年轻人来说,不可能每件事都能成功。失败的时候,母亲总是鼓励玫琳凯展望未来:"你绝不可能每一次都是最棒的,接受失败,学会从失败中吸取教训,你才能继续前进。"面对失败,不要生气,玫琳凯女士不仅将这句话作为自己的座右铭,还作为公司的理念以激励更多的女性。玫琳凯女士坦言,自己想创建公司是在遇到了一些挫折之后才真正开始的。

玫琳凯女士说:"我建立公司时的设想是想让所有女性都能够获得自己期望的成功,这扇门为那些愿意付出且有勇气实现梦想的女性带来了无限的机会。"然而在创业之初,她就经历了挫折。玫琳凯女士用5000美元建立了"美梦公司",自己包装产品、贴标签,标签上写着玫琳凯化妆品,就在公司开张一个月时,玫琳凯的丈夫因心脏病发作不幸去世。同时律师提醒她,经营化妆品公司的失败率极高,但是玫琳凯女士仍决定坚持。一路走来她也走了不少弯路，但是玫琳凯女士从来不灰心、不泄气。如今玫琳凯化妆品已成为世界著名的化妆品品牌。

玫琳凯女士很推崇一句话：失败一次，就向成功靠近一步。那些成功者绝不会害怕人生面临的失败。玫琳凯女士经常对公司员工说："如果比较一下，你们会看到我膝上的伤疤比在场的任何一个人都要多，这是因为我一生中有过无数次摔倒再站起来的经历。"把人生的每一次失败都当作一次尝试，不要抱怨上天的不公平，不要责怪家人和朋友，生气只会让我们离成功越来越远。试着接受每一次失败，从中吸取教训，这样在成功的路上才会走得更远。

将不幸当作人生的朋友，与之和平相处

拿破仑说："人与人之间只有很小的差异，可这种很小的差异却可以造成巨大的差异。很小的差异即是积极的心态还是消极的心态，巨大的差异就是成功和失败。"不幸降临时，你该怎么对待呢？有的人觉得好像是天塌下来了，什么都完了，除了抱怨还是抱怨，总是向他人倾诉："我的命怎么这么苦啊！"结果越想越苦，慢慢地他也被不幸吞噬了。有的人则不然，把生活的不幸当作自己的朋友，甚至当成人生的财富，不断努力，提高自己，最终摆脱了不幸的遭遇。

前者是拥有消极心态的人，在不幸的遭遇面前，只会生气、抱怨；后者是拥有积极心态的人，总是将生活的不幸当朋友一样。智者告诉我们：当生活的不幸来临时，积极的心态是一个人战胜艰难困苦、走向成功的助推器，试着和不幸做朋友吧！

美国"牛仔大王"李维斯的西部发展史充满了坎坷，最后他成为了西部的"牛仔大王"。有人好奇地问他："你是如何面对生活中的不幸的呢？"李维斯微笑着回答说："我有一个制胜法宝，每当遭受不幸时，总是十分兴奋地对自己说：太棒了！这样的事竟然发生在我的身上，又给了我一次成长的机会。"在李维斯看来，不幸不仅是朋友更是自己的成长机会，或许正是这些不幸的经历，李维斯才获得了最后的成功。

有这样一个故事：老王和老李都是陶瓷艺人，都住在比较偏僻的乡下。他们听说城里人喜欢用陶罐，于是便决定将自己烧制好的陶罐弄到城里去卖，说不定能挣大钱。不过城里人比较挑剔，必须烧制出最好的陶罐才能卖得出去。经过几年的反复试验，老王和老李终于烧制出了自认为最好的陶罐，幻想着整个城市的人都用上了自己的陶罐，而自己也可以过上比现在富裕十倍的生活。一想到这里他们就兴奋不已。

为了将所有的陶罐都运到城里，他们雇了一艘轮船。没想到在半路上遭遇了强烈的风暴。狂风暴雨中，轮船摇摇晃晃，那些陶罐东倒西歪，破碎声不断。等风暴过去轮船靠岸了，发现船里的陶罐全部变成了碎片，老王和老李的富翁梦也随着陶罐一起破碎了。老李坐在边上生闷气，老王好心提议："先去旅馆住一晚吧，来一趟城里也不容易，不如休息一晚，明天再到城里四处走走，长长见识。"老李正痛苦得捶胸顿足，听了老王的话，气不打一处来："你还有心思去城里四处走走？难道你就不心疼我们辛辛苦苦烧出来的那些陶罐吗？"老王心平气和地说："我们已经失去了那些陶罐，本来就已经够不幸了，如果还因此不快乐，那岂不是更不幸？把那些不幸都当成自己的朋友吧！"老李觉得老王的话很有道理，便不再生气了，跟随着老王朝城里走去。

第二天，老王和老李在城里四处瞎逛，令他们意外的是，城里人用来装饰墙面的东西很像他们烧制陶罐的材料。两个人索性将那些陶罐碎片全部砸碎，做成马赛克出售给城里的建筑工地。结果老王和老李不但没有亏本，反而大赚了一笔。数着手中的钞票，老王笑着说："你看，不幸真的成了咱们的朋友。"老李笑着点点头，两人决定回到乡下，继续努力。

面对生活的不幸，垂头丧气并没有任何作用，也于事无补。我们要做的是调整自己的情绪，除了坦然面对还需要改变心态，凡事都往好处想。不幸之中往往蕴涵着新的希望，只要能抓住这种希望且把它当作前进的动力，就能够在不幸中重新站起来。纵观那些卓有成就的历史人物，无一不是从不幸的遭遇中顽强奋斗并有所成就的。他们身上有一个显著的特点：以乐观的心态面对不幸，将不幸当成自己的朋友。对每一个人来说，生活和事业都不可能一帆风顺，都会遇到各种困难和不幸，只要我们将不幸当成朋友，永远怀有事情还有转机的乐观心态，就一定能赢得成功。

一个小女孩趴在窗台上，看到隔壁邻居正在埋葬他心爱的小狗，不禁跟着泪流满面，悲恸不已。旁边的祖父看见了，将小女孩引到另一个窗口，让她欣赏自家的后花园：花园里百花盛开，姹紫嫣红，令人心旷神怡。小女孩的心情顿时开朗了，祖父托起小女孩的下巴说道："孩子，你开错了窗户。"或许有时候我们就像那个小女孩一样，开错了心灵的窗户，才深感不幸的悲伤。如果能将不幸当成朋友，克制内心的"败气"，以积极乐观的心态看问题，就会发现事情好像没有想象中的不幸，也并没有那么糟。

遇到困难不要生气，冷静下来才能找到出路

智者说："在成功的路上，最大的问题并不是缺少机会或是资历浅薄，而是对自己情绪的控制能力。"弱者任思绪控制行为，强者让行为控制思绪。在困难面前，许多人容易心浮气躁，一旦挑战多次也无法战胜困难时，就会变得气急败

第六章　失败了不生气，尽快调整自我，转败为胜

坏。在心灵深处有一种力量让他们茫然不安，让他们无法冷静地思考，这种力量就是愤怒、生气。生气不仅仅是成功最大的阻碍，还是各种心理疾病的根源，不断地影响着我们的日常生活和工作。一个人在愤怒的那一瞬间，很难理智地处理事情，而且处理事情的能力明显下降，从而导致没有办法思考出解决问题的有效方法。任何时候都需要冷静，尤其是在困难面前，冷静使人清醒、使人能够有条不紊、沉着地应对发生的一切。因此面对困难，不要气急败坏，只有冷静才能让我们转败为胜。

在法庭上，律师拿出了一封信向洛克菲勒问道："先生，你收到我寄给你的信了吗？你回信了吗？"洛克菲勒冷静地回答："收到了，没有回信。"这时律师又拿出了二十几封信，逐一向洛克菲勒询问，而洛克菲勒都以同样冷静的表情、相同的语调给予了回答："收到了，没有回信。"终于律师控制不住自己的情绪，开始暴跳如雷并不断咒骂。最后的结果出乎人们的意料，法庭宣布洛克菲勒胜诉，因为律师因情绪失控而让自己乱了章法。从洛克菲勒的例子中可以看出，冷静对一个人事业的成功的重要性。有人甚至这样总结法庭上的洛克菲：令你的对手发怒、失去冷静，这时你就已经转败为胜了。当然你自己也需要保持冷静的头脑。

一天，陆军部长斯坦顿来到总统办公室，气呼呼地对林肯总统说："一位少将用侮辱的话指责你偏袒一些人。"林肯笑

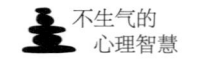

着建议:"你可以写一封内容尖刻的信回敬那个家伙,狠狠地骂他一顿。"斯坦顿立即写了一封言辞激烈的信,然后交给总统看,林肯高声叫好:"对了,对了,要的就是这个,好好训他一顿,写得真是好极了,斯坦顿。"

当斯坦顿把信叠好准备装进信封的时候,林肯却叫住他问道:"你干什么?"斯坦顿有点摸不着头脑了说道:"寄出去呀。"林肯大声说:"不要胡闹,这封信不能发,快把它扔到炉子里去。凡是生气时写的信,我都是这么处理的。这封信写得很好,写的时候你已经解气了,现在已经冷静了吧,请你把它烧掉再写第二封信吧。"

有人说:"一个能控制住不良情绪的人,比一个能拿下一座城池的人还要强大。"情绪不仅仅是健康心灵的庇护神,还是取胜的关键,因此在关键时刻,我们更需要保持冷静,以平和的情绪来面对一切。面对强劲的对手,采用何种手段并不重要,重要的是控制好自己的情绪,保持冷静。一个人若是能够控制好情绪,保持冷静,就可以化阻力为助力,化险为夷;若是不能掌控好情绪,就有可能陷入危险的境地。

有一个小男孩在10岁遭遇了一次车祸,失去了自己的左臂。这次巨大的不幸让男孩连生活自理都成了问题。他有一个小小的心愿,即学习柔道。几经辗转,男孩有幸拜在了一位日本柔道大师的门下开始学习。他格外珍惜这次机会,每天勤学苦练。令男孩感到不解的是,自己学了三个月了,师傅却只教了一招。一天男孩终于忍不住问大师:"我是否应该再学学其他招数?"大师却摇摇头回答说:"虽然你只学会了一招,但你只须要学会这一招就足够了。"

几个月后,师傅带着小男孩去参加比赛,比赛开始之前师傅嘱咐说:"冷静,一定要冷静!"就连小男孩自己都没有想到,只凭着那仅有的一招轻松地进入了决赛。最后一场决赛马上开始了,对手比小男孩高大、强壮,似乎比小男孩更有经验。一看这架势,小男孩就心虚了,比赛一开始就有点招架不住,这时师傅的那句话在耳边响了起来:"冷静,一定要冷静!"小男孩长长地呼出一口气,慢慢等待时机,后来对手逐渐放松戒备,这时小男孩立即使出了自己的绝招,制服了对手赢得了冠军。

回家的路上,小男孩满腹疑虑:"师傅,我为什么凭一招就能赢得冠军呢?"师傅缓缓回答道:"有两个原因,第一,你基本掌握了柔道中最难的一招;第二,对付这一招唯一的办法就是抓住你的左臂,可是你没有左臂。孩子,有的时候,人的劣势并不是什么坏事,只要你冷静应对,就可以转败为胜。"

在挫折与困难面前,跌倒了爬起来是一种勇气。可对成功来说,勇气并不是最关键的因素,因为成功需要的是比勇气更珍贵的冷静。失败了,我们需要做的不仅仅是重新站起来,更关键是学会梳理自己的情绪,冷静地分析、总结失败的原因,

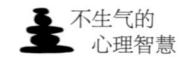

这样才能避免摔更大的跟头。如果一个人在面对困难时，心浮气躁，气急败坏，终会失去自我，错失成功的机会。在任何事情面前，都应该保持冷静的头脑，因为只有冷静，才有可能使自己转败为胜。

第七章
找个合理的方式吐出"闷气",打开心中的郁结

　　智者说:"一个快乐的人,不是因为拥有得多,而是因为计较得少。"喜欢生"闷气"的人,其实是在跟自己过不去。要想获得久违的快乐,请学会善待自己,吐出心中的"闷气",不要跟自己过不去。调整情绪时可以听听音乐,舒缓自己;烦躁时可以做做运动,放松自己。得意时平静心绪,修炼自己;失意时休养生息,淡化自己。只有善待自己,才会获得快乐。

第七章
找个合理的方式吐出"闷气",打开心中的郁结

别闷闷不乐,找到让你放松的方式

法国作家大仲马说:"人生是一串由无数的小烦恼组成的念珠。"在日常生活中,烦恼、怨恨、悲伤、忧愁或愤怒等不良情绪都是常见的表面反映,而闷气是生气的内在表现。一个人生闷气时,实际上等于整个人都陷入了不良情绪之中,容易产生孤独感,缺乏积极进取的精神,甚至患上抑郁症。总之,闷气会让一个人变得郁郁寡欢,因此我们需要寻找到让自己放松的方式。电视剧《北京人在纽约》里,面临破产的威胁、失败的阴影,王起明一边开车一边高唱"太阳最红……"获得了心灵上的暂时放松。日本每年都要举办一次呐喊比赛,让那些情绪不满者向远处的大山大喊大叫,以发泄心中的怒气。或许每一个人都有着不同的放松方式,但是我们最终的目的都是赶走郁积在心中的闷气。

培根说:"无论你怎样表示愤怒,都不要做出任何无法挽回的事来。"美国前总统林肯如果在外面和别人生气了,回到家里就会写一封痛骂对方的信,但当家人第二天要为他寄

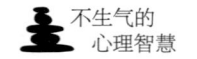

出时，林肯会极力阻止："写信时我已经出了气，何必把它寄出去惹是生非呢？"如何面对心中的种种不良情绪呢？当然是要合理地宣泄以放松自己。一位年轻女孩来到心理咨询中心说道："前两个月我被公司解聘了，心里很恼火，不愿意见人，整天就待在家里，憋得心慌，内心也变得很痛苦，有什么办法能够摆脱这样的处境呢？"心理医生建议："你要赶紧调整这样的状态，时间长了容易得抑郁症，寻找一种让自己放松的方式吧。"

里根是一个性格温和的人，但是他有时候也会发脾气。他生气时会把铅笔或眼镜扔在地上，然后就能很快恢复情绪。有一次里根对侍从人员说："你看，我在很久以前就学会了一个秘诀：生气时如果控制不住自己，不得不扔掉一些东西来出气，就要注意把它扔在自己的面前，一定不要扔得太远了，这样捡起来就会省力很多，捡起了东西，心情自然也就放松了。"

所谓的放松方式就是发泄心中的烦恼，无压力地宣泄不满情绪，放开心胸，这样就会减少一些不必要的烦恼，也避免了将不良情绪感染到其他人。有一位商人在谈到自己放松的方式时说："当我自知怒气快来的时候，便会不动声色地想办法离开，跑到自己的健身房。如果我的拳师在那，就跟他对打；如果拳师不在，就猛力地锤击沙袋，直到发泄完自己的满腔怒火、整个人轻松下来为止。"愤怒是由于心理上失去了平衡

第七章 找个合理的方式吐出"闷气",打开心中的郁结

或者是自己的要求和欲望没能得到满足。因此我们可以转移心境,寻找一种可以使自己轻松的方式,这样怒火自然就会被浇灭了。

《吕氏春秋》中记载了一个故事:

齐文王患了忧虑病,没有找到正确的治疗方式,时间长了病情越来越严重,甚至到了卧床不起的程度。大臣建议请名医来诊断病情,于是齐国派人到宋国去请名医文挚。文挚看了齐王的病情,判断出必须采取一定的方式以赶走齐王的心中的闷气,但是顾虑到这样会触动齐王而惹来杀身之祸。对此,齐国太子向文挚保证,无论如何都会保证他的安全。于是文挚约好了看病的时间但连续三次失约,齐王虽在病床上却对此十分恼怒。

后来文挚终于应约而来,但是他不脱鞋就上床,踩着齐王的衣服问病,气得齐王不搭理他。这时文挚用粗话刺激齐王,齐王终于按捺不住翻起身来破口大骂,没想到齐王的病因此好了。

所谓"怒动其身形、冲破忧伤烦闷的不良情绪",有人在愤怒时暴跳如雷、面红耳赤,实际上这是一种能量发泄。人们常说:"言为心声,言一出,心便安。"积极的能量发泄可以采取唱歌、呐喊等方式,哭泣也是一种行之有效的方式。据调查,85%的妇女和73%的男人在哭过之后觉得心情就会好一些。威廉菲烈博士说:"哭可以将情绪上的压力减轻40%,哭

是健康的行为，值得鼓励。"

还可以写出心中的烦闷，也是一种自我放松的方式。例如写诗、写日记都能够有效地发泄郁积在心中的闷气，使情绪恢复到平静。从心理学上说，适当发泄长期积压的闷气，可以减轻或消除心理疲劳，使人变得轻松愉快。闷气就像夏天暴风雨之前的沉闷空气需要适当发泄，才能净化周围的空气，缓解心中的紧张情绪。闷气只会让人越来越抑郁，想要获得全身心的轻松，就必须寻找一些放松的方式，发泄内心的不满情绪，驱赶心中的闷气。

以适当的方式放出"闷气"，才是善待自己

《圣经》中记载，犹太民族史上伟大的君王所罗门说："不轻易发怒，胜于勇士。"在现实生活中，许多人在生气时不想发泄愤怒，却总是爱生闷气。虽然这样的人也是不轻易发怒，却不是真正的勇士。生闷气是一个很不好的习惯，其实是自己和自己过不去。真正的勇者在生气时懂得自我调节、自我解脱，遇到烦闷的事选择不想它或驱赶它；而喜欢生闷气的人常常把那些毫无理由的怨恨留在自己的心里，深陷其中而无法自拔。这不等于自我折磨吗？生闷气有时候并不是因为生活中遇到了不幸、不如意的事情，更多时候是由主观上的弱点造成的。我们通常会发现，那些性格内向的人往往爱生闷气，在

第七章
找个合理的方式吐出"闷气",打开心中的郁结

遇到不顺心的事情时,不愿意诉说、发泄,常常由此感觉到苦闷、焦虑,让那些不愉快的情绪郁积在心中。闷气的症结在于内心的不快没能得到及时的发泄,因此要学会善待自己,合理调整自己的情绪,千万不要让气闷在心口。

何谓闷气?它是由于心中郁闷而憋在心里的气,是一种无奈、没办法的表现。古人曰:"百病生于气也。"常言道"怒伤肝,忧伤肺"。那些郁积在心中的不愉快使内脏活动紊乱、内分泌系统失常、胃口不佳、消化不良,长时间的烦闷还会导致血压升高甚至导致冠心病。从心理学上说,生闷气是一种不愉快的情感体验,是一种消极的甚至会破坏正常情绪的反映。一个人若是情绪恶劣,其记忆力就会减退,思维能力也大受影响,同时喜欢生闷气还会影响一个人的正常人际交往。试想,一个人总是闷闷不乐,怎么会交到朋友呢?

王女士在一家外企公司工作,经过几年的打拼,现在她已经担任了公司的重要职务。前不久公司部门来了一位年轻的同事小娜,浑身洋溢着青春的活力和干劲,在很短的时间内就得到了公司上下的一致肯定。王女士感觉到小娜的到来对自己造成了严重威胁,老板总是有意无意地在王女士面前提起小娜的能力,这让王女士的心情一度十分低落,同时心里还憋着一肚子气。在这样的情绪状态下,王女士每天都不能全身心地投入工作,由于心里过度焦虑,有时候还会在工作中犯些小错误。

或许是因为工作上的不顺心，自己的身体状况也出现了问题。最近的一段时间，王女士总感觉自己的右侧乳房胀痛，前两天用手一摸还有肿块。医生为王女士做了相关检查，诊断王女士患了乳腺小叶增生。王女士感到十分苦闷，不顺心的事情总是找上门，无奈之下向主治医生倾诉了自己的烦恼，没想到医生只是奉劝了一句："首先你不要生闷气，这样对你的身体才会有帮助。"

王女士百思不得其解，这病怎么会跟生气有关呢？医生做了详细的解释："引起这种疾病的原因很多，主要跟内分泌失调或精神情绪有关系，其中一个重要的因素是情绪不稳定、精神紧张、喜欢生闷气。当你的情绪总是处于怒、愁、忧等不良状态时，就会导致肿块和某些囊肿的产生。"王女士明白了向医生询问："我该怎么办呢？"医生建议："保持心情舒畅、乐观是最好的办法。你要学会自我调节，缓解心理压力，消除各种不良情绪，学会宣泄，不要将闷气郁积在心里，可以向家人、朋友倾诉，以排解心理压力。"

我们根本没有想过身体的疾病会跟心中的闷气有关，事实上，郁积在心中的闷气常常会成为身体疾病的根源。喜欢生闷气的人时常会感到孤单，生活十分消沉，心里好像有一块沉重的大石头压得自己喘不过气来。越是生闷气，石头就变得越坚硬，无论如何都搬不动它，只能让它憋在心里，憋得人都快发疯了。现代社会竞争激烈，工作和生活的压力都非常大，这不仅影响家庭关系、同事关系、朋友关系，如果自己不能妥善处理这些矛盾，也会影响正常的生活和工作。

张太太曾受过刺激，性格比较内向，不爱发脾气，什么事情都会忍耐，即使与家人发生了矛盾也一声不吭，总是一个人默默承受。但是张太太坚强的意志不仅没能帮自己渡过难关，还使身体上的疾病越来越多，刚开始是右腹不适，随后就出现了失眠、消化不良等一系列症状，直至后来患上了癌症。

许多人面对压力长期找不到"泄洪口"，只能自己生闷气，结果就闷出病了。对此，心理专家建议：如果性格内向的人有了心理问题，应及时寻找心理医生治疗，否则一些身体疾病就会不请自来。

憋在心里的气，就像一朵将要怒放的花，活生生地在还是花苞的状态时被摘下。有什么事情总是一个人憋在心里，不愿意去说也不愿意去闹，把不愉快的事情藏在心里，最后越积越多只能"原子弹爆发"。有人说："心中藏了太多事情的人总是痛苦的。"我们通常说的脾气太好的人，可能都会憋出病来。如果有一天自己憋死了，会有人来可怜你吗？善待自己，调整情绪，发泄出心中的闷气，这样我们才有可能回归到正常的生活。

找个委婉的方式,说出对他人的不满

闷气积压在心中久了,就像等待迸发的岩浆,从里到外都是滚烫的,若不及时消除就会对自己或他人造成巨大的伤害。或许我们看不惯某个人的习惯,讨厌某个人的说话以及行为方式,出于颜面或自尊没有办法向对方说明,却不能制止心中那股"闷气"的滋长直至最终崩溃。事实上每个人都能接受不同的意见,相对而言,他们更不喜欢不声不响就生闷气的人。因此如果你对某个人生了"闷气",不要放在心里,试着用委婉的方式表达,化"闷气"于无形,才能更好地解决问题。

传统的中国人似乎更倾向于生闷气,更容易被消极情绪影响,愤怒的情绪就像洪水一样堵不如疏。心中有了闷气,就要想办法疏通,试着自我调节,寻找合适的渠道,适当地表达自己的真实感受,只生闷气会影响彼此之间的感情。有时候对一个人生气,刚开始可能只是不满情绪或愤怒的"小气",但是由于郁积在心中的矛盾一直没能得到解决,两人之间的关系越来越恶劣,结果使矛盾更加严重。"小气"逐渐滋长为"大气",甚至还会引发一系列悲剧。

去年王先生举家搬到了繁华的深圳市区,原以为以后的日子会越过越好,没想到因为孩子的教育问题,他时常与老婆发生矛盾,导致两人关系日益恶化。王先生的性格比较内向,不善言辞,每次吵架都说不过能说会道的老婆,所以每次吵架之

第七章
找个合理的方式吐出"闷气",打开心中的郁结

后,他就一个人到卫生间里生闷气。

有天王先生在家里等着儿子回家,等了很久还是不见回来,就开始不由自主地埋怨老婆:"天这么晚了,孩子还没回家,都是你惯出来的。"老婆不甘受到责怪又吵了起来,不一会儿,从网吧回到家的儿子看到爸妈正吵得不可开交,索性躲进屋里玩电脑。吵了半天两人都疲倦了,老婆不再搭理王先生,到卧室躺在床上就睡觉,王先生的气还没有消,于是把自己关进厕所里闷头抽烟,一边抽烟一边思索,越想越生气,心中的怒气像快要喷出的岩浆阻拦不住。

过了几个小时,王先生突然从厕所里出来气愤地大吼:"这日子没法过了,还不如一把火烧了干净,"说完就摔门而去,过了好一阵子回来了,并且手中提着沉甸甸的汽油,吓得老婆孩子夺门而逃。这时家中已经是浓烟滚滚,王先生站在屋门口放声痛哭。

王先生对老婆有相当深的"怨气",他没有委婉地表达出自己的意见,反而是与老婆短兵相接,导致两人的矛盾越来越严重,直至最后点燃了自己心中长久以来的"闷气",导致了悲惨的结局。对他人生闷气不仅不能解决问题,反而会招致更严重的后果,夫妻之间更是如此。夫妻两人如果有什么矛盾,可以敞开心扉,吐露自己的真实想法,如果对方的某些行为让自己生气,也可以委婉地向对方表明,这样一来不仅弱化了矛盾,心中的闷气自然也就消失了。

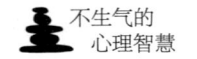

老伯的老伴前不久去世了，现在他常常一个人闷闷地坐着，眉头紧蹙，似乎总是在生气。如果有人跟他打招呼，他也会回一个微笑，接着就会打开话匣子，说起自己的儿子、女儿、儿媳妇的种种不是。那些抱怨的话，别人也不好插嘴，只能静静地听，大家都觉得这是一个多么难相处的老人家啊！

有一次老伯又在抱怨，旁人问道："你有没有跟儿女讲过你的这些不满呢？"老伯愣了一下大声说道："这还要跟他们讲吗？他们是做子女的，当然要知道父母的不满啊！只有那些不孝顺的才需要我讲。"旁人呆住了，老伯接着说："他们要是没顺着我的意思，我就不跟他们讲话；叫我也不搭理，这样一来他们就会怕我，就不会不孝顺我。如果不怕我就不会孝顺我，就会让我一个人住，那我就更可怜了。"说着老伯似乎露出一丝微笑："现在我已经三天不理他们了，儿媳妇叫我的次数就更多了。"

这的确是一个喜欢生"闷气"的老伯，在他那固执又蛮横的逻辑里，似乎总是在跟自己生气。没有得到预期的对待，老伯就会用自己的情绪去勒索他人。这是一种极为不恰当的做法，生闷气只会把自己推向孤立无援的境地。如果这位老伯能够委婉地说出自己的情绪和想法，对儿子、儿媳妇与女儿适当地表达关心，一家人是可以和睦而温馨地相处的。试着放下对他人的"闷气"，如果心中真的有什么想法就委婉地告诉对方，如实地表达自己的情绪反应，这样对方才能清楚地知道你到底为什么生气，从而改善自身的不足。这样既可以解决与他人之间的问题，还可以溶解心中的闷气，使情绪回归平静。

向好朋友倾诉，让闷气消失于无形

有了烦恼、怒气，若不及时宣泄，必然会变成闷气。因此，当自己愤怒时或者闷气在郁积的过程中，我们都需要及时地宣泄出那些不满的情绪。当然，宣泄情绪的方式有许多种，向他人倾诉是其中一种行之有效的方式。一个人生活在这个世界上，必然构建了一定的人际关系，有家人、朋友、老师等，这些都可以成为倾诉对象。倾诉内心的烦恼，倾诉对象会为自己分担一些闷气与愁绪，彻底溶解闷气的根源。然而在现实生活中，许多人对与他人谈论自己的事情总是忌讳莫深，无论自己多么烦恼、多么生气，也不愿向他人袒露心声，宁愿一个人死撑着，直到有一天因为忍不住而爆发，朋友才惊讶发现原来你心中藏着这么多不为人知的秘密。为了不让自己生闷气，学会倾诉吧，向自己的知己好友倾诉，你会收获意想不到的欣喜。

英国思想家培根说过："如果你把快乐告诉一个朋友，你将得到两份快乐；如果你向一个朋友倾吐忧愁，他就会分走你一半的忧愁。"分担是一件有趣的事情，可以让快乐加倍，痛苦减半。当你发现自己被怒气缠绕而且无力摆脱时，千万不要让它憋在心中，要学会宣泄情绪，学会向知己好友倾诉心中的烦恼，让自己摆脱闷气的缠绕。面对不良情绪，唯有主动释放，理智宣泄，才不会影响自己的身心健康。

快到凌晨了，李太太家的电话突然响了起来，李太太拿起电话："喂，你是哪位？"电话里传来了一位妇女的声音："我恨透了我的丈夫。"李太太感到莫名其妙："我想你打错电话了。"对方似乎没有听见继续说："我一天到晚照顾两个孩子，他还以为我在偷懒，有时候我想出去见见朋友都不肯，他自己却天天晚上出去跟我说有应酬，鬼才会相信呢。"李太太打断了对方的话："对不起，我不认识你。"那位妇女生气地说："你当然不会认识我了，这些话我怎么能对亲戚朋友讲，到时候肯定会搞得满城风雨的，现在我说出来舒服多了，谢谢你。"随后就挂断了电话。

虽然这位妇女的做法十分荒唐，我们却可以从中发现，一个被不良情绪困扰的人，其实很想倾诉心中的忧愁和苦闷，哪怕对方只是一个陌生人。在电影《2046》里，梁朝伟扮演的角色对着一个树洞倾诉自己内心的秘密。但有时候，心中的烦闷可能关于隐私应该怎么办呢？我们应该明白，任何时候知己好友都是我们的心灵伴侣，在朋友面前又有什么可丢脸的呢？当然，向朋友倾诉自己的烦恼时，需要选择值得相信的朋友。虽然我们需要但朋友不一定无时无刻在身边。当遇到不顺心的事

第七章
找个合理的方式吐出"闷气",打开心中的郁结

情时,可以给朋友打电话道出自己的烦闷,甚至可以在朋友面前发怒、哭诉,尽情宣泄心中的不良情绪。

李芳才三十岁就独自经营了一家大型企业,在旁人看来李芳获得了人生的成功。可是又有谁能知道李芳心中的苦闷呢?李芳的家是男主内女主外的模式,老公在家带孩子,自己在外奔波辛苦。刚开始老公心中总是满怀愧疚,常常告诉李芳:"老婆,你一个人太辛苦了,都怪我没本事。"因此老公包揽了家里所有的家务,从不让李芳操心,这让李芳感到由衷的欣慰。好景不长,时间久了老公变得越来越懒,连家务都扔给保姆,整日游手好闲。李芳说他一两句,老公就会反驳:"我一个大男人在家里多辛苦,出去放松放松又怎样?"这时李芳就住口不语,两人的关系越来越恶劣。

每次回到家里,李芳都感到身心疲惫,满腔怒火,却找不到地方发泄。每天晚上如果老公到凌晨还没回家,李芳就气得砸东西,老公回家了,李芳就像没事人一样。时间长了,李芳心中的闷气越积越多,作为公司的董事长,又不好在员工面前发脾气,只能憋在心里。偶尔想到了朋友又不好意思开口。即使朋友主动问道:"李芳,最近有什么烦心事吗?怎么看你脸色不太好?"李芳也总是推托两句:"没事啊,一切都挺好的,可能是工作太累了吧。"没过多久,朋友就听说了李芳自杀未遂的消息,大家都大吃一惊。

有人说:"一个人如果有朋友,就能长寿20年。"的确,

向朋友倾诉内心的烦恼是排除不良情绪的有效办法。当自己出现不良情绪时，有可能会越想越愤怒，越想越伤心。若是约个朋友，尽情地倾诉一番自己心中的郁闷，寻求支持和解答，就能获得一种心理上的平衡。俗话说："当局者迷，旁观者清。"或许那些对自己来说不能解决的问题，在朋友的劝解之下就会茅塞顿开，心中的闷气也会得到最大限度的宣泄。对每一个深陷烦恼的人来说，朋友的倾听和理解才是最好的安慰剂，向朋友倾诉不仅能消减郁闷情绪、沟通心灵，还能在过程中增进友谊、分享快乐。

使用幽默化解法，打开心中的郁结

16世纪法国人文主义思想家米契尔·蒙田说："自责往往被人信以为真，自赞却不会被人相信。"每个人的心中都好像有一架敏感的天平，稍有变化就会失去平衡，而运用幽默的智慧可以使心中的天平保持平衡，同时也能表达出自己心中的苦闷。如果怒气真的到了无法遏制的地步，也可以采用"幽默发脾气法"以缓解心中的怒火。例如父母帮子女操劳家务，而子女吃完饭就离开了，连碗也不洗，父母心里肯定不舒服，这时候可以说上一句："领导，我这个服务员今天病了，是不是可以请个病假呀？"既委婉地传递了自己心中的不满，又能让子女意识到自己的不对，同时语气诙谐幽默，更容易让子女接

第七章
找个合理的方式吐出"闷气",打开心中的郁结

受。事实证明,幽默地打趣能轻松地化开自己心中的郁结。

心理学家认为:一个人的身体状态是受其心理和精神状态影响的,大约有一半的疾病都是由心理和精神引起的。因此保持心理平衡对身体健康特别重要。在日常生活中,每个人都会遇到一些令人难堪的局面,这些窘境来袭时,该如何冷静面对,又该如何调整自己的情绪呢?幽默就是一剂平衡自我心理的灵丹妙药。有一位很胖的女孩最怕听到"窈窕淑女,君子好逑"这句话,感觉是对自己莫大的讽刺。后来她调整了自己的心态,心想:胖有什么呢?开始不计较人们的言论,也不再为那些言语而感到自卑,总是幽默地说:"胖是胖了点儿,但我很健康。"

古代有个文人名叫梁灏,曾在少年时立下誓言,不考中状元誓不为人。可是由于时运不济,屡试屡败,受尽了人们的讥笑。梁灏本人并不在意,总是幽默地说:"考一次就离状元近了一步。"在乐观幽默的心理状态下,梁灏从后晋天福三年就开始考试,先后经历了后汉、后周,直到宋太宗雍熙二年才考中状元。对此,梁灏写下了一首诗:"天福三年来应试,雍熙二年始成名。饶他白发头中满,且喜青云足下生。观榜更无朋侪辈,到家唯有子孙迎。也知少年登科好,怎奈龙头属老成。"幽默伴随着梁灏走过了漫长的坎坷,终于走向了成功,实现了当年的誓言,不仅如此,幽默而乐观的性格让梁灏活过了古人难以逾越的九旬高龄。

智者认为："愤怒或生气都是自己跟自己过不去。"其实任何事情都不像自己想象中的那么糟糕，没有必要一直耿耿于怀，生气或愤怒不过都是对自己的惩罚罢了。如何抑制内心的愤怒而保持平和的情绪呢？林则徐给了正确的答案，他习惯于在堂上挂着"制怒"的字匾，在愤怒还没有发作时，看到这两个字就能及时有效地控制住自己的怒气。很多美国人都认为：抑制愤怒情绪的最佳法宝就是幽默。

南北战争时期，一位军官急匆匆地行走着，没料到在作战部大楼的走廊上撞到了林肯的身上。当军官看清被自己撞的是总统先生时，立即赔不是并恭敬地说道："一万个抱歉！"林肯诙谐地回答："一个就足够了。"接着林肯补充道："但愿全军的行动都能够如此迅速。"面对军官无意的过错，林肯没有生气反而用幽默化解了军官的尴尬。

后来在一次有关兵力问题的讨论中，有人问林肯："南方军队在战场上有多少人？"林肯回答："120万人。"由于这个数字远远超过了南方军队的实际兵力，那些参与讨论的人的脸上满是惊愕与疑虑，对林肯冒然说出的惊人数字感到不解和愤怒。接着林肯解释说："一点也不错，的确是120万人。你们知道吗？我们的那些将军每次作战失利后总是对我说寡不敌众，敌人的兵力至少是我们军队的3倍。虽然我不愿意相信他们，这样算来南方的兵力无疑是增加了2倍，现在我军在战场上有40万人，所以南方军队有120万人，这是毫无疑问的。"

一切的争吵和纷争都来源于情绪,生活在这个世界上,我们每天都会面对不同的情绪,似乎情绪已经主宰了我们的一切。可是当愤怒遇到了幽默,不满的情绪便会消失。在一次舞会上,一位身材较矮的男子邀请一位身材高挑的女孩跳舞,那位女孩直接拒绝:"我从不与比我矮的男人跳舞。"男子听了没有生气,只是淡淡一笑幽默地说:"看来我真是武大郎开店,找错了帮手。"那女孩浑身不自然起来,男子用幽默的打趣走出了窘境,将尴尬还给了那个伤害自己的女孩。

著名漫画家韩羽是秃顶,他写过一首诗:"眉眼一无可取,嘴巴稀松平常,唯有脑门胆大,敢与日月争光。"有时候幽默虽是夸大了自己缺陷,却能够表现出一个人的坦诚品格,从而得到别人的信赖和好感。另外吃亏是福,也可以调节一下失衡的心理;在一些非原则的问题上,装装糊涂,适当幽默,为自己的心灵增加一层保护膜。幽默是宣泄积郁、制造心理快乐的一剂良方,一个人若是善于运用幽默的表达方式,就会让自己拥有平和、健康的心理。

承认自己的愤怒情绪,并尽快自我调整

华盛顿·欧文说:"气度狭小会被逆境驯服,宽宏大量则足以把逆境征服。"因此,在生气时不要否认、压抑,要懂

得接纳并调整自己的心情。在日常生活中，我们常常说到"发脾气"和"生闷气"，这两者有什么区别呢？发脾气是指用语言、动作等显性行为发泄出对某人或某事的不满情绪，这是生气的外在表现；生闷气是指将那些不愉快的情绪积压在心里不外露，也就是赌气，这是生气时的内在表现。虽然从表面上看，"发脾气"和"生闷气"都是生气，但是表现方式却大有不同。由于表现方式的差异，直接导致其后果的不同。或许有人认为发脾气会伤了彼此的和气，可如果发泄的前提是为了对方好，伤了和气又能怎样呢？大量事实证明，人与人之间的关系并不如想象中那般和睦，如果有什么不开心的事情一味地生闷气，对方就永远不知道你的真正情绪是什么，而且生活中有一些吵闹也并不是一件坏事。

有一位被大家公认是"好脾气"的人说道："其实每次看到令我感觉不好的人和事，内心都相当生气，可我极力克制并不断告诉自己'要保持自己的形象，千万不要发脾气'。虽然每一次我都忍耐住了，可是时间长了发现，由于心中闷气的郁积，我的脾气越来越大。一点小事就可以让我的情绪变得无比激动，又不好当场发作，常常是事情过去以后就气得砸东西。虽然我是公认的'好脾气'，可我好像已经陷入恶劣情绪的漩涡了。"也许总有一天，这位"好脾气"先生会忍不住爆发，那时他或许会成为闷气宣泄的陪葬品了。

小萌刚刚大学毕业，尚不懂得如何恰当处理与上司和同事

第七章 找个合理的方式吐出"闷气",打开心中的郁结

的关系。当她找到第一份工作时,父亲这样告诉她:"丫头,公司不比家里,在家里我和你妈妈都会让着你,你生气了可以砸东西、大哭甚至大骂,但是在公司是绝对不行的。凡事需要忍耐,这样你才能赢得上司和同事的喜欢。"小萌点点头,踏着欢快的脚步走进了公司的大门。

两个月不到,小萌的脚步就变得无比沉重了。她在公司真的做得很好,大到公司老总小到清洁阿姨,都十分喜欢小萌。因为小萌的脸上时刻挂满了笑容,从来不生气,从来不指责谁。同事都忍不住夸赞小萌:"你的脾气真好,刚才这件事明明是主管自己疏忽了,他那样责骂你,你还能笑着面对,换了我早就和主管对骂了。"小萌笑着点点头,心里在想:我的脾气也不好啊,当时我真想拿着文件朝他脸上砸去。可是这毕竟是公司啊,不是在家里,不是可以撒野的地方。于是在每天都需要伪装笑脸、强忍怒火的日子里,小萌感觉很累,每次回到家里都忍不住发泄一番,不知道向谁诉说心中的苦闷。最终在难忍之际,小萌拖着疲惫的身子走进了心理咨询室的大门。

人生在世,难免会遇到一些不顺心的事情,哪怕是一家人也免不了"锅碗碰瓢盆"。有人会生点气、发牢骚,这是很正常的。看不惯某些人和事,偶尔闹点情绪也不足为奇。最不可采纳的一种状况是,不声不响地将不满情绪憋在肚子里,因为生闷气是一种极坏的生活习惯,不仅消耗自己的精力还会引发疾病,影响身心健康。三国时期,周瑜生闷气,结果白白断送

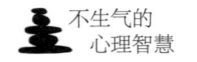

了自己的性命。这说明喜欢生闷气的人的能力不够强，不善于调节自己的情绪，在一定程度上缺少一些谋略。

生气、发怒并不是一件坏事，毕竟人有七情六欲，总不能强制压抑，不然怒气会变成闷气，更容易爆发崩裂。如果能够释放心中的怒气，发泄不满情绪、解除烦闷，会使身心轻松愉快。该发脾气就发脾气，不需要压抑自己的情感，因为不适当的压抑有可能形成生闷气的习惯，结果会适得其反。当然，我们也应该少生气，如果真的到了"怒不可遏"的地步，就痛痛快快地发泄吧，这样不仅有利于情感的释放，也有益于身心健康。

一些国外专家研究表明，发脾气比生闷气好。虽然在大多数人看来，发脾气有损自己的修养和形象，似乎是一件伤大雅的事情。科学家却公布了一项研究结果：当人感到气愤而想发脾气时，如果能够及时宣泄，就有利于自己的身心健康。生闷气对身体有极为严重的伤害：一方面，经常生闷气不利于心脏的健康；另一方面，也会影响身体免疫系统的正常工作，从而引起大脑内的激素变化。对此，专家建议：与其闷在那里自己和自己生气，不如宣泄心中的不满情绪，懂得接纳生气的自己，努力调整自己的情绪，这样会更有效地减少外界环境对人产生的不利影响。

第八章
拥抱好运气,用感恩之心驱逐心中怨气

英国著名的作家迪斯雷利曾说:"为小事而生气的人,生命是短促的。"那些心胸如大海一般宽广的人能够经得起生活中的暴风雨,所以生命通常较长。怒气不仅会危害身心健康,还会不知不觉影响我们的事业与人生。试想,一个经常怒气冲冲的人怎么能获得成功呢?同样也很难获得幸福的生活。因为幸福的人怀着一颗感恩的心,心胸宽广,懂得知足常乐;心怀感恩的人,懂得以积极的心态面对生活,会更容易抓住好运气,进而取得成功。

第八章
拥抱好运气，用感恩之心驱逐心中怨气

学会感恩，珍惜眼前幸福

幸福在哪里？哲人说："幸福不需要寻找，它就像一棵草，茁壮成长，在葱绿的田野蔓延。"或许有人对此表示怀疑：真的是这样吗？我怎么没有感觉到呢？这是因为，那些没能幸运地感受到幸福的人，心中充满了怨气，怨气的浓雾模糊了他们对幸福的感觉。幸福就在每个人的身边，时时刻刻环绕眷顾着自己。每天我们吃着香甜可口的饭菜，内心应该感激有一个疼爱自己的母亲；坐在桌边读着朋友的来信，内心应该感激有一个难得的知心朋友；坐在阳光明媚的办公室里，内心应该感激拥有一份稳定的工作。这些都是眼前的幸福，如果不懂得感恩，就会对这些幸福视而不见，心中也会充满抱怨，比如：菜太咸了；朋友能悠闲地旅行，自己则每天辛苦工作，工资还少得可怜。当怨气占据一个人的心时，幸福就会擦肩而过，所以请珍惜眼前的幸福，用感恩驱走内心抱怨的雾气。

托尔斯泰说："我并不具有我所爱的一切，因为我所有的一切都不是我所爱的。"当一个人的内心充满了感恩，对生活充满了爱,才会感受到幸福。人们常常身处幸福之中却感受不到幸福,因为内心缺少了那份感恩之情。一位作家这样写道:"家庭也好,单位也好,部门也好,都是由一个个个体组成的,要推动整体的发展,需要成员的共同努力。作为个人而言,每个人都应保持健康的心态,常怀一颗感恩之心。"学会欣赏生活中一切美好的事物,对身边每一个关爱自己的人心存感激,慢慢地你就会发现自己的需求越来越简单,心态也越来越平和,才能够从看似平淡的生活中捕捉到幸福快乐的精彩瞬间。因此,一个知道感恩的人才是心态端正、心理健康、心智成熟的人。

刚认识的时候,小娜是一个刚刚毕业的大学生,而他只是一个落魄的穷书生,虽然大学老师这个身份听起来光鲜亮丽,但是年轻的他却什么都没有,只有一间十几平方米的小屋。因为爱情,小娜还是选择跟他在一起,朋友不太理解:"什么都没有,你跟他在一起会幸福吗?"小娜的脸上洋溢着幸福和快乐说道:"他陪在我身边,我很珍惜跟他在一起的日子。"

结婚后,他转行做生意,虽然满脸书生气却也渐渐在学会复杂的商海里应对自如,成为一个成功的商人。小娜还是那张幸福的笑脸,在家里照顾孩子和他,家里时刻充满着爱的气息。无论他晚上回来得有多晚,小娜总是给他留着热腾腾的饭菜,她明白在外应酬大多数时候都需要喝酒,她担心他的胃。有时候也会有一些闲言碎语传到小娜耳边——关于他和公司里美丽的女秘书的事情,小娜却笑着回应:"应该感激有这样能干的秘书帮助他，我在家里也省心了。"这话传到了公司，渐渐地女秘书竟成了小娜的闺中密友。一转眼小娜结婚也有十年了，有人问她幸福的秘诀是什么，小娜微微一笑说道："幸福就是怀着一颗感恩的心。"

西方流传着一句谚语："所谓幸福，就是有一颗感恩的心、一个健康的身体、一份称心如意的工作、一位深爱自己的爱人、一帮可信赖的朋友。"获得幸福的重要条件是拥有一颗感恩的心，感恩你才会获得真正的幸福，也才会珍惜眼前的幸福。有的人不懂得珍惜眼前的幸福，总觉得别人都欠自己的，别人对自己不够好，自己的生活不够完美，在抱怨中一步步毁掉了自己的幸福。

阿兰从事办公室工作，她很不满意经常抱怨："办公室工作，清闲倒是清闲，可没有什么油水，不像做业务的，一笔单子就相当于我干一年。""什么？你的年终奖有1万元？凭什么你们公司这么大方啊？我跟你的工作差不多，可我的年终奖才不到3000元，还是你们公司好，真大方。""你老公真有本事，都自己开公司了，唉，哪像我那位，只是打工仔的命啊。"在同事看来，阿兰太喜欢比较了，远到以前的同学，近到现在的同事，她都要比一比并常常抱怨："比我强？凭什么？"

渐渐地同事开始回避她。大家中午在食堂吃饭时，只要阿兰在场便会主动谈起自己的倒霉事："哎呀，我昨天又丢了一张大单子，损失不小哇！"大家都觉得若是谈论一些倒霉的事，会相对地降低阿兰的心理敏感度，不会招致她的抱怨。时间长了，阿兰也知道了同事的用心，有时候她也安慰自己："我只不过才工作两年，而且这份工作又稳定，衣食无忧，还有什么不满意的呢？"同事也经常安慰她："你看你，这么年轻，工作也没几年，不要太着急了。只要你踏实肯干，前途还是不错的。"逐渐地阿兰也懂得感恩了，开始珍惜自己眼前的幸福与快乐，比较、抱怨的声音也越来越少了。

许多人都有这样一个特点：过分地和别人比较，却忽视了自身的价值。在日常生活中，他们关注的是：谁又升职了，谁又买房了，谁又换车了，再想想自己的生活却是一成不变，于是心理失去了平衡，开始抱怨。事实上，没有升职、没有房子、没有车子，依然可以过得幸福。幸福不建立在比较之上，而是建立在懂得感恩、珍惜眼前之上。因此，请珍惜眼前的幸福，用感恩的心驱走心底的怨气。

与其抱怨，不如努力改变自己

英国著名作家奥利弗·哥尔德斯密斯曾说："与抱怨的嘴唇相比，你的行动是一位更好的布道师。"面对生活里的不如意，人们最普遍的行为就是抱怨，抱怨父母不理解，抱怨社会太现实，抱怨朋友的欺骗……于是，抱怨成了一种习惯。然而那些不如意、悬而未决的事情并没有真正得到解决，自己的情

第八章 拥抱好运气，用感恩之心驱逐心中怨气

绪反而因为抱怨陷入了恶性循环，这就是抱怨带来的负面影响。我们生活的世界每天都在发生变化，扪心自问，自己为这个世界带来了什么样的变化？对好多人来说，每天做的最多的事情就是抱怨这样或那样，这些情绪会逐渐导致负面的改变。心理学家认为，放下抱怨，学会关注他人、尊重他人，积极行动起来才会有积极的改变。因此，停止抱怨，将怨气转化为实际行动吧！

美国著名出版人、作家阿尔伯特·哈伯德曾说："如果你犯了一个错误，这个世界或许会原谅你；但如果你未做任何行动，这个世界甚至你都不会原谅自己。"的确，与其抱怨、懊悔、悲伤，不如行动起来，让自己未来的生活更美好。从前，在魏国东门有个姓吴的人，他的独生子死了，可是他看起来一点儿都不伤心，每天仍早出劳作，快乐自在。有人对此感到不解："你的爱子死了，永远也见不着了，难道你一点儿也不悲伤吗？"那位姓吴的人回答说："我本来没有儿子，后来生了儿子，如今儿子死了，不是正和以前没有儿子时一样吗？每天的那些农活依然是我的工作，我又何必忧伤呢？花费时间去伤心不如将这些精力投入工作中。"抱怨只是一种语言而不是行动，当一个人过多地沉浸于抱怨，就会失去行动力。当然，将抱怨转化为行动力，还需要拥有广阔的胸襟。只有看透了抱怨的实质，才有可能将怨气化为行动力。

从前，有一位年老的印度大师身边有一个喜欢抱怨的弟子。一天印度大师让这个弟子去买盐，等弟子回来后，大师吩

咐他抓一把盐放进一杯水中再喝掉那杯水。弟子按照师傅的吩咐——做了，大师问道："味道如何？"龇牙咧嘴的弟子吐了口唾沫说道："咸！"

大师一句话没说，又吩咐弟子把剩下的盐都撒进附近的一个湖里。弟子将盐倒进湖里后，大师又说："你再尝尝湖水。"弟子用手捧了一口湖水尝了尝，大师问道："什么味道？"弟子回答："味道很甜。"大师继续追问："你尝到咸味了吗？"弟子回答："没有。"这时大师才微微一笑说道："生命中的痛苦就像是盐，不多也不少，生活中遇到的痛苦就这么多，但是我们体验到的痛苦却取决于将它放在多么大的容器里。因此，面对生活中的不如意，不要成为一个杯子老是抱怨，而是要成为湖泊去包容它，通过实际行动改变自己的现状。"弟子若有所思地点点头。

什么是抱怨呢？有人说这是一种宣泄，一种心理平衡，似乎抱怨可以发泄出那些不如意的事情。每个人可能都会面对许多不如意的事情，如果只是一时的抱怨不会有多大的害处。但是抱怨久了就会形成习惯，而抱怨的根源就是对现实的不满意。一个人来到这个世界上，面对生活中诸多的不如意，只有两个选择：要么接受，要么改变。抱怨成为接受事实的一个阻碍，我们总是想到：这件事对我是不公平的，这样的事情怎么会发生在我的身上呢？我怎么能接受这样的事情呢？因此一种强烈的倾诉欲望开始萌发，我们要向别人诉说，以此

第八章 拥抱好运气，用感恩之心驱逐心中怨气

证明自己的无辜和委屈，但是在抱怨的时候，我们已经失去了改变这件事情的机会了。无休止抱怨的时候，有没有想过比抱怨更好的解决方法呢？

王小姐是公司负责企划案的经理，最近刚刚接了一个企划案，可是需要另外一个部门的配合才能有效地执行。令王小姐苦恼的是，自己的搭档因为觉得额外的工作量太多不愿意去做。不仅如此，她还责怪王小姐："我最近都很忙啊，你还拿这样的企划案来找我，真是没事找事。"王小姐的心中一肚子怒火，忍不住找同事抱怨："咱们都是为工作，我们行她怎么就不行呢？"说着说着，王小姐发现自己的怒火越来越大，就算面对另外一个部门的员工时，心中的火气也难以抑制。

抱怨解决不了事情，王小姐意识到这根本不能解决问题。她心想：抱怨毕竟只是发泄，解决不了问题。既然是为了工作，那就是对事不对人，我得找她沟通。王小姐找了一个机会把自己的想法跟搭档解释了，对方思考片刻，接受了即使加班也要完成工作的要求。完成工作之后，王小姐长长地舒了一口气说道："如果当初我继续抱怨，就会影响我跟她的合作，工作肯定完成不了。看来我以后得少抱怨多行动才行啊！"

工作中，我们会遇到一些人际麻烦，有些人的处理方式是跟其他人抱怨，这无疑是制造了一个"三角问题"：自己和工作搭档有问题，却和另外一个人讨论这些事情。事实证明，抱怨根本解决不了问题，改变事情现状的最有效方式是行动，只

有行动才能改变事情。因此，请停止抱怨，放弃抱怨，立即开始行动吧！

心怀感恩，知足常乐

智者常常向人们讲述一个故事：有一位老人去赶集，买了一口锅提在手里。忽然听到"哐当"一声，绳子断了，锅子掉在地上摔破了。老人看也不看一眼掉头就走。有人好奇地问："为什么不看看呢？"老人笑着说："都已经摔破了，看它又有什么用呢？至少我没有摔倒。"的确，既然事情都已经是这样子了，生气也无济于事，倒不如怀着一颗感恩的心，这样心才会豁然开朗。心理学家常常建议那些受怒气困扰的人："只要知足常乐，你每天都可以呼吸到幸福的氧气。"远离怨气才能获得幸福。幸福的人总是怀着一颗感恩的心，牛奶已经洒了，生气又有什么用呢？知足常乐，快乐、健康地活着，就是人生的莫大欣慰。

有人常常抱怨："幸福敲响了别人家的门，好运也被别人抢走了，只有我是最可怜的。"你在抱怨时是否意识到一切都是内心的怨气作祟呢？由于怨气潜藏在心底，所以我们才会不自觉地生气、发怒、抱怨生活的不公平。若是想赢得幸福，抓住好运，首先要驱逐内心的怨气，知足才能常乐。越是不知足，越是苦恼，心中的怨气就会越积越多，做起事来也只会事倍功半。学会知足才不会因生活中的琐事而耿耿于怀；学会知足才不会因生活

第八章 拥抱好运气，用感恩之心驱逐心中怨气

的烦恼而忧心忡忡。知足常乐，幸福才会敲响你的家门。

从前，有一位国王陷入了烦恼之中，他总感觉自己缺少点什么，总是对自己的生活感到不满意。

有一天早上，国王决定四处走走，寻找一位幸福而知足的人。路过御膳房的时候，他意外地听到了快乐的小曲，循着声音，国王看到一个厨子正在快乐地歌唱，脸上洋溢着幸福。国王感到十分奇怪问道："你为什么如此快乐？"厨子笑着回答："陛下，虽然我只是一个厨子，但是我一直尽我所能让我的家人快乐。我们需要的并不多，一间草房、不愁温饱，就足够了。家人是我的精神支柱，他们很容易满足，哪怕我带回一件小东西，他们也会感到很快乐，所以我也感到十分快乐。"

国王对此感到不解就向丞相请教，丞相回答道："您只要做一件事情，他就会变得不快乐了。"国王好奇地追问："什么事情？"丞相说道："在一个包里放进99枚金币，再把这个包放在厨子的家门口，到时候您就会明白了。"按照丞相说的，国王命人将装了99枚金币的布包放在那个快乐的厨子的家门前。回家的厨子发现了门前的布包，好奇地将布包拿到房间里，打开布包先是惊诧然后是一阵狂喜，他不禁大喊："金币！金币！全是金币！这么多的金币啊！"他将包里的金币倒在桌上开始查点，一共是99枚。这不可能啊，应该不是这个数。厨子又数了一遍还是99枚，他开始纳闷了："怎么只有99枚呢？没人会装99枚啊？还有1枚金币到哪里去了呢？会不会

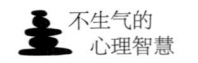

掉在哪里了呢？"厨子开始寻找，可是找遍了整个房间和院子，他都没有找到那枚金币，厨子感到十分沮丧。

厨子紧皱眉头，决定从明天开始加倍努力工作，争取早点挣回那枚金币，这样就有100枚金币了。由于前一天晚上找金币太累，厨子第二天早上起得比平时晚，情绪也变得很差。他对家里人大吼大叫，责怪他们没有及时叫醒自己，影响了自己实现财富目标。厨子匆匆赶到御膳房，看起来愁容满面，不再像往日那样兴高采烈，也不再哼着快乐的小曲，转而埋头拼命地工作。国王悄悄观察着厨子的变化大为不解：得到这么多的金币应该更快乐才是啊，怎么还愁容满面呢？

怀着满腔疑虑，国王询问丞相，丞相回答："陛下，因为这个厨子心中有怨气啊！虽然他已经拥有了99枚金币，却不满足，拼命工作就是为了挣足那1枚金币。以前生活对他来说是多么快乐和满足的事情，但是现在突然出现了拥有100枚金币的可能性，幸福就被打破了，他竭力去追求那个没有实质意义的'1'，不惜以失去快乐为代价。"

故事中的厨子显然不懂得感恩的道理，天赐的财富非但没有增加他的快乐，反而让他失去了快乐，这绝不是智者所为。那些心怀感恩的人，视万物皆为恩赐，心中充满了感恩之情，他们懂得生活，懂得知足常乐。如果无论什么时候，我们都可以将感恩的情绪融入生活中，那么每天我们都会呼吸到幸福的氧气，心中的怨气也会消失得无影无踪。感恩是一种爱，一种对生活、对生命的爱，生活中总是充满着烦恼与琐事，不妨通过思想或行动表达出自己的感恩之情，学会珍惜上天赐予自己的、他人给予自己的、自己拥有的财富，如此才能获得更多的快乐。如果能长存感恩之心，我们的人生之旅必定是充满快乐与幸福的而且一路芬芳。

只做强者，弱者抱怨且易后悔

成功只会垂青那些积极主动的强者。敢于担当，勇于接受来自生活的挑战，艰难险阻才有可能变成坦途。对强者来说，他们会尝试着去做任何事情，因为敢于去做，事情也许就会迎刃而解。让自己顾虑重重的困难，很多时候只是一件小事，根本不值得忧虑、抱怨。真正的强者从来不抱怨，总是把消极的想法从内心扫除殆尽，让自己的内心充满阳光、希望。一个弱者在生活中总是充满了抱怨，因为无力改变现状，或者内心根本没有想要改变现状的意识，因此除了抱怨，别无他法。抱怨者，既没有解决事情的能力，又特别容易后悔；强者有着卓越的能力，从没有怨言，做任何事情都会勇往直前，因而比抱怨者更接近成功。

人们总是对那些积极主动的强者充满了敬佩之情。在这个世界上真正的强者并不多，成功的人只是少数。那些所谓的庸人呢？他们平庸是因为不断抱怨而平庸。有的人动不动就说

"这个社会怎么这样""我就是英雄无用武之地"……真正的强者从不说这些,因为他们相信努力改变命运,与其抱怨不如行动。面对人生的诸多不如意,我们都不要再抱怨了,抱怨只会让自己变得更加无能,一个强者是不会抱怨的,而是通过调整自己的心态并积极努力地改变现状,弱者则是被生活改变,所以弱者成为最后的抱怨者,强者却走向了成功。

小李和小王是大学同学,大学毕业时两人签了同一家国企,更巧的是两人被分到同一个办公室。小李在大学里就是赫赫有名的人物,又曾任学生会主席,沟通能力和处理问题的能力都很强;小王虽然成绩优秀,可在大学没有参加社团活动,处事能力较弱。

在办公室里,挂着职称的科长和两名副科长都不负责具体业务,另外两位年纪稍大的人觉得升迁无望,每天就只想着混日子,一旦有任务就会推给小李和小王:"小伙子,多锻炼,对自己有好处……"小李每次都欣然答应,做事情十分积极;小王则相反,他觉得同样是在办公室工作,怎么就自己一个人做事,因而接到新任务时不积极,心中的怨气也越来越大。

前不久,领导决定在家属楼后的空地上建一座三层小楼,作为员工的健身中心。这项任务最后落到了小李和小王的办公室。小王知道艰巨的任务又来了,索性第二天请了病假,最终小李接下了这项工作,科长还不断嘱咐:"小李,抓紧时间啊,这可是关系全公司职工切身利益的大事啊。"接下来的一个月，小李天天往外跑，把那些有名的健身中心都跑了个遍，不仅拍了照，还去图书馆查资料，每天忙得晕头转向。而小王和其他人则在办公室里悠闲地喝着茶看着报纸。没过多久，小李将图纸交给了科长，因为设计得比较成功，受到了公司的嘉奖。小王则在旁边抱怨："唉，早知道我应该接这项任务，领导太不公平了，知道那天我请假就无视我的存在。如果我接了任务，说不定比他完成得还要漂亮……"

后来只要小李得到了上司的嘉奖，小王都要抱怨一番："领导对我太不公平了！"刚开始办公室同事还为小王说些打抱不平的话，时间久了大家也不怎么关心了，反而会在背后议论："自己没本事就别吱声嘛，见不得人家好！他抱怨怎么那么多，还不是自己无能，不然领导怎么会不重用你呢？"

美国前总统罗斯福曾说："未经你的许可，没有任何人能够伤害你。"有的人自己办不了事情，别人办了漂亮事，他还会到处抱怨："其实我很有能力的！""他凭什么就能得到领导的重用啊？""这件事我会比他做得更好，可领导偏偏不找我嘛！"真正的原因却是自己没有能力或是自己不肯行动。真正的强者想的是如何解决问题、如何完成这件事情，而不是去抱怨。因此，强者会在努力中赢得成功，而无能的人只会在抱怨中碌碌无为。

有一句话说得好："多数人都想改造世界，却很少有人想改造自己。"可能影响一个人成功的因素有很多，但是如果你连自己都不想改变，哪来的成功呢？许多人习惯抱怨社会、

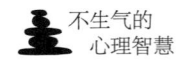

抱怨他人、抱怨自己。可是你想过这是因为自己不够强大吗？一个人把自己定位在"弱者"的位置上才会觉得无法改变，从而变成一个抱怨者。为什么不让自己变得强大呢？努力改变自己，让自己变得强大，成为真正的强者。我们要记住这样一个道理：要想成为一个强者，必先无怨。

感恩化解抱怨，好运不会远离

英国哲学家洛克说："感恩是精神上的一种宝藏。"有这样一个故事：两个人看着同样一枝玫瑰，一个说："花下有刺，真讨厌！"另一个人却说："刺上有花，真好看！"前一个人抓住毛病盯着不放，他的生活中充满了抱怨，所以他注定是不快乐的；而看到花的人，因为怀着一颗感恩的心，尽管刺扎手他却闻到了刺上花朵的芬芳，所以他能感受到生活中的幸福和快乐。这个故事反映了许多人的生活态度：同样是面对生活，有的人心中充满了抱怨，有的人却充满了感恩之情。抱怨者满腹牢骚，不仅解决不了任何问题，还会增加许多不必要的沮丧和烦恼。即使遇到了幸福，也会与幸福擦肩而过，福也会变成祸；感恩者用心去体验生活，在他们的眼中生活处处是阳光，即使遇到了祸也能积极应对，祸也能变成福。因此，放下心中的抱怨，长存一颗感恩的心，你会发现自己会更好运。

一位哲人说："鲜花感恩雨露，因为雨露滋润它茁壮

第八章
拥抱好运气，用感恩之心驱逐心中怨气

成长；苍鹰感恩长空，因为长空任它自由飞翔；高山感恩大地，因为大地使它高耸；大海感恩小溪，因为小溪助它辽阔博大。"是的，长存感恩之心，眼界会更开阔，人生阅历会更丰富。有两个人在沙漠里艰难跋涉了许多天口渴难忍。这时他们遇到了一位赶骆驼的老人，老人给了每个人半碗水。面对同样的半碗水，一个人抱怨："这太少了，怎么能解渴呢？"在怨气的驱使之下，他竟倒掉了这半碗水。另一个人虽然也知道这半碗水难以消除身体的饥渴，但是他怀着一份发自内心的感恩收下了老人的馈赠，喝下了那半碗水。后来拒绝那半碗水的人在沙漠中走完了自己人生的最后路程，而那位喝了半碗水的人走出了沙漠并开始了全新的生活。很多时候如果我们用感恩取代心中的抱怨，就会发现好运已经接踵而至。

小恩是快餐店里的一名普通员工，每天的工作简单又枯燥——不停地做相同的汉堡。虽然这份工作看起来没有什么新意，小恩却感觉十分快乐，无论面对多么挑剔或尖酸的顾客，从来都是带着满怀善意的微笑。小恩那发自内心的快乐感染了许多人，同事有时候会忍不住问他："为什么你会对这种毫无变化的工作感到乐呢？到底是什么让你对这份工作充满了热情呢？"小恩回答道："每当我做好了一个汉堡就想到一定会有人因为这个汉堡的美味而感到快乐，这样我也就获得了成就感。这是一件多么美好的事情，所以我每天都感谢上天给了我这么好的一份工作。"

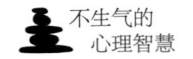

或许正是小恩的感恩心理，使得那家快餐店的生意越来越好，名气也越来越大。后来小恩的名字被传到老板耳朵里。没过多久，小恩就荣升为快餐店里的店长。

阿里巴巴集团主要创始人马云曾写了一篇名为《不要抱怨，学会感恩与敬畏》的文章，文章中写道："我心里充满了感恩和运气，我还远远不如施瓦辛格，阿里巴巴越到现在越充满感恩，越到现在我们越有敬畏之心……我们总埋怨外界、别人，从来没有想过自己应该做什么样的事情来完善自己。这几天我听了所有的成功人士故事，不管他吃了多少苦从来没有抱怨过。施瓦辛格说：'我感恩，我感谢美国，我感谢加州。'我感谢谁？感谢客户。"马云之所以能获得如此巨大的成功，有人说是运气。的确，这就是一种运气，因为心中怀着感恩之情，所以上天才会眷顾他，好运才会接踵而来。

从前，北边的边塞住着一位名叫塞翁的人，他十分善于推测人世的吉凶祸福。有一天塞翁家中的马从马厩里逃跑了，有人看到马越过了边境，跑进了胡人居住的地方。邻居们听说了这个消息都跑来安慰塞翁："你不要太难过了。"谁料塞翁没有一点儿难过的意思反而笑着说："我的马虽然走失了，但这说不定是一件好事呢！"

几个月过去了，塞翁的马自己跑回来了，随着跟来的还有一匹胡地的骏马。邻居们听说这个好消息又纷纷跑到塞翁家里道贺。塞翁反而有点担心地说："白白得了这匹骏马，恐怕不是什么好事！"

塞翁有一个儿子十分喜欢骑马。有一天，儿子骑着那匹胡地来的骏马外出游玩，一不小心就从马背上摔了下来，跌断了腿。邻居们知道了这个坏消息后又跑来塞翁家，劝他不要太伤心，没想到塞翁一点儿都不难过只是淡淡地说："虽然我的儿子摔断了腿，但这说不定是件好事呢！"邻居们十分诧异，心想塞翁肯定是伤心过头，脑袋都糊涂了。

没过多久，胡人大举入侵，乡里所有的青年男子都被调去当兵了。大部分人都战死在沙场，而塞翁的儿子因为摔断了腿不用去当兵，反而保住了性命。

习惯抱怨的人，即使福到了也意识不到；而心怀感激的人，哪怕是祸来了也会想办法让祸变成福。德国著名作家萧伯纳说："一个以自我为中心的人，总是在抱怨这个世界不能顺他的心。"如果一个人的心灵总是被抱怨占据，即使面对再好的东西也会从中挑出骨头来。因此对人生来说，抱怨永远是个负数，要想人生处处充满阳光，就必须以感恩代替抱怨，放下抱怨，停止抱怨，用感恩取代抱怨，以积极的心态去面对社会，面对世界。

"怨男怨女"没有幸福可言

我们常常听到这样的感叹："如今的怨男怨女越来越多

了!"对很多人来说,"怨气"是一种合情合理的情绪,当心中的怨气堆成小山时,不宣泄反而会憋得慌,抱怨完了心里才会舒畅。从心理学角度来说,抱怨就如同一剂镇痛药,一时的抱怨是可以的,可以有效地释放情绪,但永无休止的抱怨是不行的。在现实生活中,如果看什么都不顺眼,做什么事情都觉得不顺心,抱怨过了头只会让人望而却步,甚至退避三舍。那些"怨男怨女"往往会在"怨声载道"中失败,因为他们选择了抱怨而放弃了努力。从一定程度上说,这种对生活和人生的态度才导致了最后的失败。因此,千万不要做"怨男"或"怨女",要努力改变自己,以一种积极乐观的态度面对生活,这样才会有可能赢得成功。

任何人或团队要想成功都必须停止抱怨,与其抱怨不如改变,以一份接纳批评的包容心积极奋进,成功才会离我们会越来越近。抱怨其实是一种最消耗能量的举动,我们抱怨的无非是自己的事或者是别人的事,或者是上天的不公平,但是这样的抱怨有效果吗?抱怨自己的人需要试着接纳自己;抱怨他人的人应该试着将自己的抱怨化作请求;那些老是抱怨上天的人应该学会勉励自己。如此,才不会被别人冠以"怨男怨女"的称号,生活也会有巨大的转变,人生将会变得更加美好。

在公司,小丽与同事小丫是公认的"怨妇二人组",是典型的"发泄型"人物。对工作不是这里不满就是那里不如意,小丽和小丫常常在办公室交流心得。小丽说:"小丫就是我发泄的对

第八章 拥抱好运气，用感恩之心驱逐心中怨气

象，每次抱怨了之后心里就会舒服一点，情绪也会变得平和。"小丫虽然知道抱怨是不对的可还是忍不住，她说："其实抱怨完了，工作和生活还不是照样得继续，什么都改变不了，看起来就像是阿Q的精神胜利法，但是我已经上瘾了。"小丽和小丫都有这样的感受，一旦开始抱怨就会有更多想要抱怨的事情，于是，越"抱"越"怨"，最终陷入了"抱怨轮回"。

小丫还发现自己抱怨来抱怨去总是那么几句话，心想：真是没意思，永远都是那么几句话。小丫常常挂在嘴边的话就是"累死了"。就在前不久的婚宴上，小丫穿着婚纱、踩着几厘米的高跟鞋也不停地向朋友抱怨："累死了，结婚真累！"直到小丽忍不住提醒她："拜托，我的大小姐，你这是在结婚"，她才闭上了嘴巴。

小丽和小丫不过是众多"怨女怨男"中的代表。她们宁愿每天像机器一样说着同样的话也从来没有想过通过改变自己来改变生活，于是逐渐陷入了一种"抱怨轮回"，永不休止。试想，小丽和小丫整天在抱怨中度过，工作能有多大起色呢？事业会成功吗？到最后她们的人生不过是一个失败的人生。

阿松到公司已经两年多了，工作认真又细致，给上司和同事留下了很好的印象。熟悉阿松的人都知道他有一个缺点：工作时老喜欢抱怨，牢骚发个不停。只要上司交给他新的工作任务，阿松就会在办公室里抱怨："难度较大的工作就找我。""这么辛苦工作也不给我涨工资。""工作都干烦

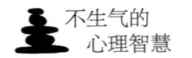

了""等我以后做了老板……"虽然阿松喜欢抱怨,好在每次抱怨完还是将工作圆满完成。不过在同一个办公室,多少会影响其他同事工作的心情。

有一次阿松在电脑前边工作边抱怨。这时上司正好走进了办公室,阿松没有发觉仍然一边打字一边抱怨:"物价涨得那么快,一天工作累得够呛,工作还是那么点钱……"他根本不知道老板就在身后,身边的同事也不好意思提醒,有个好心的同事咳嗽了一声以提示他,阿松却没有领会反而说道:"你咳嗽啥,我说得不对吗?"这时他才发现上司就站在自己旁边,场面极其尴尬,不过上司什么话也没说就转身离开了办公室。

后来阿松逐渐失去了上司的信任,有一些重要的工作上司不再找他了。前不久公司准备提拔一个部门经理,就资历和能力来说,阿松是最合适的人选。上司却提拔了小李,虽然小李在很多方面比不上阿松,但他勤勤恳恳,从来不抱怨,也不发牢骚。失去了升职机会的阿松心理失衡,变本加厉,整天满腹牢骚、怨声载道,工作态度也大不如从前。渐渐地上司对阿松有了很深的成见,最后阿松不得不选择辞职离开。

在工作中,只有做好本职工作才能赢得上司的肯定与认可,也才会为后来的晋升和发展奠定基础。如果老是抱怨,牢骚发个不停,贪图一时口头之快,事业只会止步不前。因此,无论是在职场还是在生活中,都不要做"怨男怨女",应该以积极乐观的心态迎接人生的每一天。

第九章
不与自己置气,彻底清除心头的杂草

希腊哲学家艾皮克蒂特斯说:"计算一下自己有多少天不曾生气。从前我每天生气;后来每隔一天生气一次;再后来每隔三四天生气一次;如果一连三十天没有生气,就应该向上帝表示感谢。"有效地减少自己的生气次数,实际上是一种心灵修养。很多时候不要自生自气,要学会拔除心里伤害自己的杂草,抑制怒火,有效控制消极情绪,争做情绪的主人。

你只需要喜欢你自己，不需要讨好所有人

有人抱怨："每天活得好累，好像一刻都没有轻松过。"现代社会越来越多的人开始抱怨自己"活"得很累，不是工作累、吃饭累、睡觉累，而是"活得"太累。难道每天的生活真的有那么累吗？如果只是在做自己，我们怎么会感觉到累呢？心理学家认为：一个人若是遵从内心的感受选择自己喜欢的生活方式，是感觉不到累的。那么我们感觉到的累是怎么回事呢？大多数人都有这样的经历：上学的时候，父母总是指着隔壁的孩子说："瞧瞧人家，成绩多优秀，你得向他看齐。"大学毕业了，父母长辈都说："当个老师或者考考公务员才是铁饭碗，其他的都不是什么正当工作。"工作了，上司总是告诉你这样不对，那样不对。我们生活的出发点，似乎都是在讨好所有的人却从来没有讨好过自己。事实上，我们要懂得这样一个道理：你不需要讨好所有的人，只有喜欢自己才是最重要的，因为没有人为你分担你生活中的烦恼。

小资是一名歌手，以前每次上节目都会抱怨："太辛苦

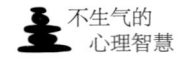

了，实在受不了压力太大的生活。有时候为了讨好歌迷、媒体，我必须一年发行两张专辑，但是自己又想把工作做得更好，这样的工作量简直令我崩溃。"工作时间安排得很紧，如果白天上通告做宣传，晚上还要去录音棚完成下一张专辑的录制，这样的生活超出了小资的承受范围。每天她都感觉到累，心中的怨气又无处诉说。在内心快要崩溃时，她选择了退出歌坛。

在4年的休息时间里，小资做着自己喜欢的事情说："以前大家都是看我怎么变化，现在是我用自己的眼光看大家的改变。虽然现在年纪大了似乎变得老了一些，但是年龄不是我能控制的东西，我也想永远年轻，可我更珍惜时间给我的礼物。在成长的过程中得到的最大一份礼物是不用费劲去证明自己，只需要做自己喜欢的东西，跟着自己的步伐走。在以后的时间里，如果我能完全坚持自己的选择，那就是最好的生活。"虽然小资的年岁增长了，但正是在这样一个年龄她不再需要讨好任何人了。最近小资复出了，在工作上已经与唱片公司达成了一致的意见，不要拿任何事情炒作新闻，同时不要为了赢得名气而故意在唱片的数字上作假。可以自由自在地唱歌，正是小资最喜欢的一种状态。

小资告诉媒体："我不需要讨好所有的人，只需要做自己喜欢的事情。"每天都有许多人为了人际交往、生存而讨好他人。在这样的过程中他们感到很累，甚至心力透支。到底是为

第九章 不与自己置气，彻底清除心头的杂草

了什么，我们需要尽力讨好身边人呢？

王娜是同事公认的"好人缘"，或者说她是一个从来不唱反调的人，任何时候她的观点与大家都一样。在办公室里，只要同事说"这个东西真的很好"，她也会随声附和"真的很好啊"；一件衣服同事都说漂亮，她也会表示同意"颜色十分均匀，款式也很新颖"；一份策划方案大家都说不错，她也会承认"设计比较独特，很不错"。于是只要王娜在办公室，大家都喜欢问她的意见，虽然都知道她不会说一句反驳的话，但是大家似乎成了一种习惯，凡事都希望王娜能够说两句好听的话。这可给王娜带来了许多烦恼，每天为了应付那些同事，总说"好啊，这个好""不错，不错"，即使心里觉得这个东西不咋样，但是为了赢得一份好人缘以免得罪同事，王娜还是满脸笑容说："我觉得很不错。"

可是每天回到家里，王娜就开始抱怨了："真累！搞不懂那些同事是什么欣赏眼光啊，明明那个东西没有什么用，偏偏宝贝得不得了；一件过季的衣服还说漂亮；策划方案完全是抄袭网上的一篇文章，大家就称赞得不行了。为了应付同事，每天真的好累！"同居的好友张莉笑着说："既然累干嘛不做回自己，说自己喜欢的话，做自己喜欢的事情，干嘛搞得自己这么累？我就从来不说违心话，得罪了他又怎么样？还是照样工作。"王娜叹息着："唉……"

看来即便是公认的"好人缘"也有一肚子苦水需要倒：

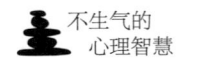

"每天我都觉得不是自己在生活,而是为别人活。为了讨好我都放弃了自己喜欢的一切,最后他们还是不满意。白天戴着微笑的面具,晚上回到家没有人愿意分担我的烦恼。我感觉到内心有股气,在不断地积累、膨胀,我害怕自己有一天会崩溃。"在日常交际中,与他人建立良好融洽的关系虽然是极其重要的,但是不应该以放弃自己的快乐为代价,我们不需要讨好所有的人,有时候保持自己的个性,可能会有意外的收获。

在生活中,我们会羡慕那些"好人缘"的人,似乎每个人都能跟他聊到一块儿去。更关键的是,他说的每一句话、做的每一件事,都是按照大家的心思来的,没有理由不受到大家的喜欢。在公司里,上司说这个方案不行,他一句话不说马上改成上司喜欢的方案;挑剔的同事说你今天的打扮好像不太和谐,第二天他就真的换了一套合同事眼光的服饰;在家里,爸妈说你新交的男朋友没有固定的工作,她就真的决定与男友分手,重新找一个能让父母满意的男朋友。在这个过程中我们会发现,自己不过是在讨好身边的人,失去的却是自己想要的生活。

做人不妨大条一点,别放大自己的错误

俗话说:"金无足赤,人无完人。"这个世界上没有完美的人,任何人都有长处和短处。每个人都有失误的时候,谁也不敢保证自己就是永远的成功者;每个人总是有这样或那样

第九章
不与自己置气，彻底清除心头的杂草

的缺陷，谁也不能保证自己是最完美的。许多人忍受不了自己的错误，习惯于用放大镜看待自己的错误，从而陷入深深的自责中不能自拔，甚至不能原谅自己。犯个错误没什么了不起，不要用放大镜看待自己的错误，自己生自己的气。既然错误已经存在了，我们需要做的是如何弥补错误，以免再犯类似的错误。一些爱生气的人往往是完美主义者，不能够容忍自己犯错误，从而导致内心的烦恼和不满情绪的滋生。其实这根本是没有必要的。不要为自己标榜上"成功者"的印记，我们首先要承认自己不过是一个普通人，既然避免不了错误，就要尝试着接受那个犯错的自己，学会原谅自己，不要纠结在自责中，平复内心的情绪，懂得知错就改，这样才能成为尽善尽美的人。

人与人之间为什么会有永远的伤害呢？这大部分都是因为一些彼此无法释怀的坚持造成的。如果能从自身做起，宽容地对待自己，原谅自己无意或有意犯下的错误，相信一定会收到意想不到的结果。开启一扇窗户时会看到更完整的天空。一个人需要宽容，因为宽容是一种美德、一种素质，首先要宽容的就是自己，这样才能有更宽广的胸怀去宽容别人。如果连自己都宽容不了，又怎么能原谅别人的错误呢？有人说能够宽容自己的人，更容易拥有融洽的人际关系。卡内基是美国著名的成功学家，他曾这样写道："通过调查全球120名成功人士后发现，他们有一个共同的特点就是能够建立融洽的人际关系，正是因为有一颗宽容的心，所以人际关系才会那么好。"而且那

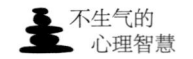

些已经取得瞩目成就的人的成功之路并不会一帆风顺，而总是波折不断。或许他们也曾经犯过不少错误，但是他们原谅了自己，能以更加完美的姿态去迎接挑战，最后才赢得了成功。试想，如果总是纠结在自己曾经的错误中，那么他们怎能在郁郁中取得成功呢？

有一天，一个身材高大魁梧的人走在库法的市场上，他的脸被晒得黝黑，还遗留着战场上的痕迹。市场里坐着一个无聊的商人，看到那个高大的人走过来，想逗逗他，以显示自己的搞笑本领。于是商人将垃圾扔向那个过路人，但是那个高大的过路人并没有生气，而是继续迈着稳健的步伐朝前走去。

等那个人走远了以后，旁边的人向那无聊的商人问道："你知道你刚才侮辱的人是谁吗？"商人笑着回答："每天有成千上万的人从这里经过，我哪有心思去认识他呀？难道你认识这人？"旁边的人立即惊呼："你连这人都不认识？！刚才走过去的是著名的军队首领——马力克·艾施图尔·纳哈尔！"商人涨红了脸似乎不太相信："是真的吗？他是马力克·艾施图尔·纳哈尔！就是那个不但让敌人听到他的声音就四肢发抖，连狮子见到他都会胆战心惊的马力克吗？"旁边的人再次肯定地回答："对，正是他。"商人惊恐地说："哎呀！我真该死，竟做了这样的傻事，他肯定会下令严厉地惩罚我。"

想到这商人心惊胆战，深深为刚才的错误自责自己。他马上关了店门，整个人蜷缩在被子里等着马力克的惩罚。一天

第九章
不与自己置气，彻底清除心头的杂草

过去了，马力克没有来；一周过去了，马力克还是没有来。虽然马力克并没有出现，商人内心的恐惧却越来越重，他不能原谅自己的过错，邻居前来劝慰："马力克将军是多么有修养的人，怎么会跟你计较呢？"商人还是摇摇头，整个人看上去既憔悴又疲惫。

商人已经陷入自责的心绪中了，即使马力克表示已经原谅了他，他还是走不出那个心结，难逃自责的痛苦。心理学家表示：那些无法原谅自己错误的人，其实是对自己有着苛求的人。而商人之所以无法原谅自己，是源于内心的害怕，他不断自责之前犯下的错误，是因为害怕受到相应的惩罚。还有的人没有办法原谅自己的过错，可能因为之前给大家的印象太美好，一旦犯错误他认为再也没有办法弥补。所以开始不断地自责，甚至有的人会为自己人生的某一次错误而忏悔一生。

约翰尼·卡特是著名的灵魂歌手，谁曾想他过去也犯过错呢？在事业蒸蒸日上的时候，约翰尼·卡特感觉到自己的身体已经被拖垮了。为了保证演出，他每天需要借助安眠药才能入睡，还需要服用"兴奋剂"以维持第二天的精神状态。后来卡特的坏习惯越来越严重，一位行政司法长官对他说："约翰尼·卡特，今天我要把你的钱和麻醉药还给你，因为你比别人更明白你有充分的自由选择自己想干的事。这就是你的钱和麻醉药，你现在就扔掉这些药片吧或者你去麻醉、毁灭自己，你自己做出选择吧！"那一瞬间卡特醒悟了，然而自己的过错能

获得歌迷的原谅吗？卡特并不知道，但是他明白只有自己才能原谅自己。于是他开始戒毒，经过了长时间的坚持成功了，又重新回到久违的舞台。在舞台上他赢得了所有歌迷的原谅，每每说到过去的记忆，卡特总不忘说一句："我并没有放大自己的错误，我只是用自己的行动告诉别人，我可以改正错误。"

的确，我们应该永远记住一句话：犯错并不是一件特别严重的事情，千万不要拿着放大镜看自己的错误，原谅自己吧！

肯定且欣赏自己，自信的人不给自己找气受

生气的理由有很多，有一个理由是最常见的，那就是：因为自己有一些缺点。这样的理由听起来似乎有点啼笑皆非，为自己的缺点而生气？如果一个人太自卑，看自己哪里都是缺点，那他内心的愤怒恐怕是源源不断、发泄不完的，每天的生活除了生气还是生气。子曰："不患人不知己，患不知人也。"对一个人来说，最值得担心的事情就是自己不够了解自己，更为可悲的是他们还不懂得欣赏和肯定自己，有时候那些莫名其妙的怒火其实是源于内心的自卑。他们习惯挑剔自己，总是觉得这里不满意那里也不如意。诸如身高不够高、身材不够性感、脸蛋不够漂亮、家庭条件不够好等，这一切都可以成为生气的理由。对此，心理专家建议：不要自生自气，要学会肯定且欣赏自己。

第九章
不与自己置气，彻底清除心头的杂草

有一个衣衫不整、蓬头垢面的女孩长得很美，不过总是满脸怨气。有人跟她聊天，她也显得心不在焉，聊天的人都沉默了。有一天一位心理学家突然告诉她："孩子，你难道不知道你是一个非常漂亮、非常好的姑娘吗？""您说什么？"姑娘有些不相信地看着对方，美丽的大眼睛里含着泪，但更多的是惊喜。原来在生活中她每天面对的都是同学的嘲笑、母亲的责骂，慢慢地失去了自信，自卑成为怨气的根源。事实上每个人都不是完美的，我们的身上可能有一些可爱的缺陷，但是无论是缺点还是优点都是我们自己。我们首先应该接受且欣赏自己，即使在某一方面做不到绝对的完美，又有什么关系呢？根本没有必要把它当作一个生气的理由，否则除了生气就没有别的时间和精力做其他的事情了。

林黛玉刚刚进荣国府时，贾母对她就有一句评语："心较比干多一窍。"后来林黛玉看到史湘云挂了金麒麟，宝玉最近也得到了一个金麒麟便开始生气："恐就此生隙，同史湘云也做出那些风流事来。"于是林黛玉便去偷听，结果却听到了宝玉厌烦史湘云劝他留心仕途的话："林妹妹不说这样的混账话，若说这话，我也和他生分了。"黛玉听到这样的话，心中又惊又喜，又悲又叹。所喜者，果然眼力不错，素日认他是个知己。所惊者，他在人前一片私心称扬于我，其亲热厚密，竟不避嫌疑。所叹者，你既为我之知己，自然我亦可为你之知己，既你我为知己，又何必有金玉之论哉；既有金玉之说，亦

该你我有之,又何必来一宝钗哉!所悲者,父母早逝,虽有刻骨铭心之言,无人为我主张。况近日每觉神思恍惚,病已渐成,医者更云气弱血亏,恐致劳怯之症,你我虽为知己,但恐自不能久持;你纵为我知己,奈我薄命何!"

有一次看戏,大家都看出那个演小旦的演员有点像林黛玉,只是都不肯说,史湘云却一下子就说了出来。林黛玉感觉到自己受辱了,马上就生气了。怕黛玉生气,宝玉给史湘云使眼色,本来是一片好意,黛玉却是更加生气。

后来黛玉说起宝琴来,想到自己没有姊妹,不免心中怨气丛生,又哭了,宝玉忙劝道:"你又自寻烦恼了,你瞧瞧,今年比去年越发瘦了,还不保养,每天好好的,你必是自寻烦恼,哭一会,才算完了这一天的事。"黛玉拭泪道:"近来我只觉得心酸,眼泪却好像比旧年少了些。"宝玉说道:"这是你平时哭惯了,岂有眼泪会少的!"

林黛玉也明白,自己的病皆是因性情而起,她却没有为之做出改变,真是令人叹息。虽然林黛玉各方面的条件都不差,可父母都已经不在人世,自己又寄人篱下,心中未免有点自卑,这成了其怨气的根源。林黛玉身上体现出的特点是:既才华出众又多疑多惧。很多时候她不懂得欣赏自己,自然就没有办法快乐,怨气也就越来越重,最终成了一种病。2007年5月,林黛玉的扮演者陈晓旭因乳腺癌去世,中医有这样一种说法:乳腺癌是因为气郁于胸。或许是陈晓旭扮演林黛玉入戏太深，或许是天性使然，她的性格竟与林黛玉十分相似，最终也落得个香消玉殒的结局。

索菲亚·罗兰刚刚进入演艺圈，制片商给予了善意的"建议"："如果你真的想干这一行，就得把鼻子和臀部'动一动'。"自信且欣赏自己的索菲亚断然拒绝了这样的建议，她说："我懂得我的外形和那些已经成名的女演员不一样，她们相貌出众、五官端正，我却不是这样，我的脸的毛病有很多，但这些毛病加在一起反而更加有魅力。索菲亚的自我欣赏与肯定并没有令大家失望，后来她被誉为世界上最具自然美的人。无论自己有着多么独特的缺点都不要嫌弃它，而要以一种欣赏的眼光来看待它，因为这个世界不缺少大众化的美，而缺少独特的美，每一个人都应该相信自己拥有一份与众不同的美丽，请学会欣赏与肯定自己吧，不要总是在自己身上找气生。

无需与他人比较，你就是最好的

美国教育家J.B.科南特说："垃圾是放错了位置的财宝，对哈佛大学来说，重要的不是出了7位总统和30多位诺贝尔奖获得者，而是让进哈佛的每一颗金子都发光。"在这个世界上每个人都是独一无二的，你可能就是那一颗等待被发现的金子。然而在现实生活中，一些人总是处处与他人比较，觉得自己不如别人优秀，似乎这辈子真的一事无成了。事实上对每一

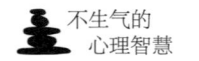

个人来说，命运都是公平的。每个人都有自己的价值，这是不容怀疑的，我们需要做的就是欣赏自己，认清自己的价值。比较带给我们的只有失落、沮丧、烦恼、生气，更为关键的是，比较之后我们会变得不自信，开始怀疑自己的能力，甚至自暴自弃。因此不要处处都去和别人比较，为自己平添烦恼，你就是那独一无二的"宝藏"。

约翰在中学的时候，由于平时学习不积极，成绩很差，每次考试都是倒数几名。面对这样的约翰，老师说："你已经无可救药了。"身边的同学也看不起他，约翰感到十分沮丧，觉得自己这辈子也不会有什么出息了。

有一天老师在班里兴奋地宣布，有一位著名的学者将要到班上做实验。约翰心想：这和我有什么关系呢？不过约翰从同学那里了解到，这位学者是研究人才心理学的，据说他有一台神奇的仪器，能预测出谁未来会获得成功。约翰有点生气心想：这和我更没有关系了，我成绩这么差，未来怎么可能获得成功呢？成功只属于那些成绩好的同学。

在同学们殷切的盼望中，著名学者终于来了，老师神秘地点了5个同学的名字，其中包括约翰。约翰十分紧张：难道自己又要受批评了？来到办公室后那位著名学者讲话了："孩子们，我仔细研究了你们的家庭、档案以及现在的学习情况，我认为你们5个人将来会成大器，好好努力吧！"约翰感到一阵眩晕，以为自己听错了，可是看着在场人的表情，约翰知道这是真的。原来自己与那些成绩优秀的人是一样的，没过多久约翰的成绩就上来了，再也没有人说他无可救药了。

本来由于约翰自己学习不积极，成绩很糟糕，老师和同学都看不起他，自己也感觉到一无是处。在平常的学习生活中，约翰可能又常常与那些尖子生比较，结果越比较越泄气，内心的怨气让他开始"破罐子破摔"。因此当老师宣布著名学者要来时，约翰自然而然地将自己划分到"失败者"这一行列，这样的结论正是从长期的比较中得出的。没想到著名学者的巧妙暗示成了约翰走向成功之路的助推器，因为学者的话语让约翰明白了原来自己才是独一无二的人才。因此约翰的内心受到了鼓励，不再泄气，不再抱怨，不再比较，开始朝着成功的方向前进。其实并没有真正可以预测未来的神奇仪器，而是激励让约翰重获自信。

美国思想家拉尔夫·沃尔多·爱默生曾说："你，正如你所思。"每个人都梦想着成为最优秀的那一个人，事实上我们也真的可以，没有谁能预言你不能成功，既然没有办法否定这一事实，为什么不试一试呢？如果你在生活中总是习惯与别人比较，不敢相信自己，逐渐忽略自己、迷失自己，那未来的你可能真的一事无成，而且有可能余生都将在烦恼和抱怨中度过。生活告诉我们：每一个人都是一座宝藏，有着无限的潜力和能力，不要去比较而是要通过不懈的努力来挖掘自己的宝藏，你就是独一无二的！

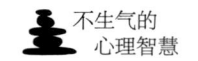

一位学者到了风烛残年之际，感觉到自己的日子已经不多了，他想考验和点化一下自己那位看起来很不错的助手。于是他把助手叫到床前说："我需要一位最优秀的承传者，他不但要有相当的智慧，还必须有充分的信心和非凡的勇气，这样的人我直到目前还没有见到，你帮我寻找和发掘出一位，好吗？"助手坚定地回答说："好的，我一定竭尽全力去寻找，不辜负您的栽培和信任。"

于是这位助手就开始想尽一切办法为学者寻找继承人，然而他每次领来的人都被学者婉言拒绝了。有一天已经病入膏肓的学者挣扎着坐起来拍着助手的肩膀说："真是辛苦你了，你找来的那些人，其实还不如你……"半年之后眼看学者就要告别人世，可最优秀的人还是没有找到，助手十分惭愧泪流满面地说："我真对不起您，令您失望了！"学者叹息着说道："失望的是我，对不起的却是你自己。本来最优秀的人就是你，只是你不相信自己，总是与他人比较，才忽略、耽误、丢失了。每个人都是最优秀的，差别就在于如何认识自己、如何挖掘和重用自己……"话还没有说完，学者就永远离开了这个世界，而那位助手一辈子都活在深深的自责之中，因为自己的不自信辜负了老师的遗愿。

比较的根源是不自信，因为不自信所以才想通过比较来找回自信。大多数人在比较中不仅没能找回自信反而变得自卑，甚至在比较的过程中，意识到自己远远不如别人的那一刹那，心中充满了怨气和愤怒,最后只能成为庸庸碌碌的人。智者与庸者的差别在于:智者从来不与他人比较,他们相信自己就是独一无二的;庸者总是沉迷于比较的游戏中,从而丢失自我,满腹怨气,最后成为平庸的人。

不怕失败,就怕不自信地退却

对一个成功者来说,绝不应该因为不自信而郁闷生气。爱迪生曾经试用1200种不同的材料做白炽灯泡的灯丝,可都失败了,有人批评他:"你已经失败1200次了。"爱迪生一点也不生气,反而充满自信地说:"我的成功就在于发现了1200种不适合做灯丝的材料。"正是这份自信,爱迪生最后获得了成功。许多时候我们面对的是同样的机会,自信的人选择迎难而上,不自信的人在还没有开始时就选择了退却。当然自信者有可能会面临失败,但是对那些不自信的人来说,胆怯地退比失败还要可怕。在现实生活中,常常有人因为不自信而生气,机遇来临时他们选择了退却,而当别人因为这次机遇获得成功时,他们心中又感到十分生气:"早知道当初我就不要放弃了,真是倒霉,怎么偏偏好运气都被别人抢了!"这时候生气又有什么用呢?真正的强者就是迎难而上,即使自己失败了心中也没有任何怨言;只有那些不自信者,常常会在错失机会后唉声叹气、怨声载道。因此要想克制内心的怨气,就应该做一个自信的人,即使失败了也无怨无悔。

威尔逊在创业之初,他的全部家当就只有一台分期付款买的爆米花机,价值50美元。第二次世界大战之后,威尔逊做生意赚了点钱,于是打算从事地产生意。当时在美国从事地产生意的人并不多,战后的大多数人都比较穷,买地皮、修房子、建商店的人很少,地皮的价格也很低。当威尔逊骄傲地宣布自己的决定时,亲朋好友一致反对对他说:"你太自信了,到时候一定会输得很惨。"威尔逊坚持自我,他反而认为家人和朋友的目光太短浅了。美国作为战胜国,经济应该很快就能进入发展期,而那时买地皮的人也会增多,地皮的价格就会暴涨。

于是威尔逊用自己的积蓄再加上贷款在市郊买下了很大一片荒地,这块土地地势低洼,不适宜耕种,简直无人问津。不过威尔逊还是决定买下这块土地,因为他预测美国经济很快就会变得繁荣,城市人口增多,市区会不断扩大,必然向郊区延伸,在不久之后,这块土地就会变成黄金地段。

一两年过去了,威尔逊的预言成真了,美国的城市人口剧增,市区迅速发展,大马路一直修到了威尔逊的土地边上。这时人们发现这块土地风景宜人,是夏天避暑的好地方。于是这块土地的价格倍增,很多商人竞相高价争购,威尔逊却有着更长远的打算。他在这块土地上盖起了一座"假日旅馆",由于地理位置比较好,生意非常兴隆,从这以后,生意越做越大,在世界各地都有威尔逊的"假日旅馆"。

当初亲朋好友对威尔逊的计划颇有不屑之意,甚至对其未来进行犀利的评判:"你太自信了,到时候一定会输得很惨。"威尔逊却坚持下来了,在他看来,当自己有自信去做一件事情时一定要坚持下去,即使失败了内心也不会有半点怨言。事实证明威尔逊的决定是正确的,凭着那股来自内心的自信,他开创了自己的事业。试想,如果当时的威尔逊是一个不自信的人,在遭到亲朋好友的反对之后选择了退却,那这个世界就会少了一位成功的商人。

莉莉是一名歌剧演员,她有一个梦想:大学毕业后,先去欧洲旅游一年,然后在纽约百老汇占有一席之地。对此心理老师找到莉莉说:"你今天去百老汇跟毕业后去有什么差别?"莉莉仔细一想说:"是的,大学生的身份似乎并不能帮我争取到去百老汇工作的机会。"于是莉莉决定一年后去百老汇闯荡,老师感到不解:"你现在去跟一年以后去有什么不同?"莉莉想了一会儿犹豫着说:"我决定下学期就去。"老师紧紧追问:"你下学期去跟今天去有什么不一样呢?"莉莉有点晕了,难道就这样子去百老汇吗?老师继续追问:"一个月以后去跟今天去有什么不同?"莉莉激动不已说:"给我一个星期的时间准备一下,我就出发。"老师步步紧逼:"所有的生活用品在百老汇都能买到,你一个星期以后去和今天去有什么差别?"莉莉激动得语无伦次:"可是……"老师说:"我已经帮你预定了明天的机票。"莉莉看了看平凡的自己，突然一种不自信从心底涌出，她对老师说："呃，我还是先不去了，等准备好了再去吧。"心理老师满脸失望："以后你会为这个决定感到后悔的。"

莉莉最终没能去百老汇，后来她才知道，在同一天老师找到了另一位同学安妮，几乎是一模一样的劝告。安妮在最后一刹那自信地说："我明天就去。"几年过去了，安妮成为了百老汇小有名气的歌剧演员，而莉莉在一所普通的高中任职音乐老师，她对自己的生活充满了抱怨："当初在最后关头，我若不退却，现在肯定在百老汇的舞台准备精彩演出，我的命运怎么这么惨呢？上天真是不公平啊。"

不自信是阻碍一个人成功的主要因素，不知道从何时开始，不自信居然也成了一个人生气的理由。大多数人就是因为不自信，所以在最关键的时刻选择了退却。从表面上说他们暂时避免了失败，但是从长远来看他们也永远避开了成功。对一个梦想成功的人来说，与其不自信地退却事后满腹委屈与抱怨，不如做最后的拼搏，即使失败了也无怨无悔，因为不自信地退却远比失败更可怕。

消极悲观的人，只会让自己气郁沉沉

马克·吐温说："世界上最奇怪的事情是，小小的烦恼只

第九章
不与自己置气，彻底清除心头的杂草

要一开头，就会渐渐地变成比原来厉害无数倍的烦恼。"对那些有着悲观心境的人来说，就恰似心中长了一颗毒瘤，哪怕是生活中的一点小小烦恼都是一种痛苦的煎熬，每天增加一点儿不愉快，毒瘤就在消极情绪的养分下不停地生长，直到有一天毒瘤化脓，开始散发出阵阵恶臭，而他已经被悲观吞噬了。悲观是一种比较普遍的情绪，面对生活中的诸多不如意，每个人都有可能悲观，然而许多人尚未意识到悲观的危害性。有的人甚至认为悲观也没有什么大不了的，又不是抑郁症。据心理学家观察，长时间的悲观心境会让一个人感到失望，丧失心智，长期生活在阴影里会变得气郁沉沉。因此，请远离悲观的心境，调整自己的情绪，走出悲观的阴霾，做一个乐观积极的人。

可能没人能想到，美国最著名的总统之一——林肯，曾是抑郁症患者。在患抑郁症期间，林肯说了这样一段伤感的话："现在我成了世界上最可怜的人，如果我个人的感觉能平均分配到世界上的每个家庭中，那这个世界将不再会有一张笑脸，我不知道自己能否好起来，现在这样真是很无奈，对我来说，或者死去或者好起来，别无他路。"幸运的是，林肯最后战胜了抑郁症，成功地当选了美国的总统。事实上悲观给生活造成的影响是巨大的，一个有着悲观心境的人，无论是生活还是工作，都没有办法获得成功，甚至悲观的心境还会有意或无意地成为成功路上的绊脚石。有两位年轻人到同一家公司求职，经理把第一位求职者叫到办公室问道："你觉得你原来的公司

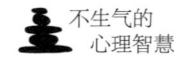

怎么样?"求职者脸色满是阴郁漫不经心地回答:"唉,那里糟透了,同事尔虞我诈,勾心斗角,我的部门经理十分蛮横,总是欺压下属,整个公司都死气沉沉。生活在那里我感到十分压抑,所以我想换个理想的地方。"经理微笑着说:"我们这里恐怕不是你的理想乐土。"于是那位满面愁容的年轻人走了。

第二个求职者被问了同样一个问题,他却笑着回答:"原来的公司挺好的,同事待人很热情,互相帮助,经理也平易近人,经常关心我们,整个公司的气氛十分融洽,我在那里过得十分愉快。如果不是想发挥我的特长,还真不想离开那里。"经理笑吟吟地说:"恭喜你,你被录取了。"

第一个求职者是悲观者,他的生活中始终被乌云笼罩着,因此他看人和事都是阴郁的,多么美好的生活摆在面前,他都认为"糟糕透了";第二个求职者是典型的乐观者,阳光始终照耀着他的生活,即使再糟糕的生活在他眼中也是十分美好的。悲观者看不到未来和希望,所以他面临着求职的失败。或许在人生的道路上,还有更多的失败等着他,除非他能够换一种心境。

有两个人,一个叫乐观,另一个叫悲观,两人一起洗手。刚开始两个人都洗了手,可洗过之后水还是干净的,悲观说:"水还是这么干净,怎么手上的脏物都洗不掉啊?"乐观却说:"水还是这么干净,原来我的手一点都不脏啊!"几天

第九章 不与自己置气，彻底清除心头的杂草

过去了两个人又一起洗手，洗完发现盘里的清水变脏了，悲观说："水变得这么脏啊，原来我的手怎么这么脏！"乐观却说："水变得这么脏啊，瞧，我把手上的脏东西全部洗掉了！"同样的结果，不同的心态，就会有不同的感受。

怀着悲观心境的人，只是一味地抱怨，看到的总是事情的灰暗面，哪怕是到了春天，他能看到的依然是折断了的残枝或者是墙角的垃圾；拥有乐观心境的人，懂得感恩，在他们的眼里到处都是春天的美好。悲观的心境，只会让自己气郁沉沉；乐观的心态，会让自己感受到阳光般的快乐。

曾经的美国总统罗纳德·里根在小时候是一个乐观的孩子，有一次爸爸妈妈送给里根一间堆满马粪的屋子。过了一会儿他们来到门口，发现里根正兴奋地用一把铲子挖着马粪，看到爸爸妈妈来了高兴地叫道："爸爸，这里有这么多马粪，附近一定会有一匹漂亮的小马，我要把这些马粪清理干净，一会儿小马就来了。"对每一个人来说，悲观的心境就像是飘浮在天空中的乌云，遮住了生活的阳光，长时间下去自己也会变得抑郁。因此，请远离悲观，放弃心中的怨气，让阳光照进生活中。

参考文献

[1]安妮.不生气的智慧[M].北京：外文出版社，2013.

[2]张晓舟.愤怒，一边儿去[M].成都：四川大学出版社，2018.

[3]文默默.不生气的智慧[M].北京：中国华侨出版社，2020.

[4]盖瑞·查普曼.愤怒，爱的另一面[M].谭臻，译.北京：世界知识出版社，2015.